원병묵 교수의
과학 논문 쓰는 법

원병묵 교수의
과학 논문 쓰는 법

1판 1쇄 펴냄 2021년 7월 27일 **1판 4쇄 펴냄** 2024년 8월 16일

지은이 원병묵
펴낸이 이희주 **편집** 이희주 **교정** 김란영 **디자인** 전수련
펴낸곳 세로북스 **출판등록** 제2019-000108호(2019. 8. 28.)
주소 서울시 송파구 백제고분로 7길 7-9, 1204호 **전화** 02-6339-5260
팩스 0504-133-6503 **전자우편** serobooks95@gmail.com

ⓒ 원병묵, 2021
ISBN 979-11-970200-4-9 93400

원병묵 교수의
과학 논문 쓰는 법

원병묵 지음

A guide to scientific writing

세로
SEROBOOKS

강의 후기 및 추천의 글

••• 좋은 책에는 저자의 진솔한 삶이 녹아 있다. 원병묵 교수의 이 책도 그러하다. _ 민일 존스홉킨스대학교 의과대학 교수

••• 논문을 써 봤고 쓸 줄도 알지만 '어떻게' 써야 하는지에 관해서는 여전히 모호했던 나. 이 책은 논문의 본질이 무엇인가를 다시금 생각하게 하고 그에 따라 이야기를 어떻게 풀어내야 하는지, 가이드라인을 제시해 주었다. _ 김경훈 워싱턴대학교 생물공학과 박사 과정

••• 논문 작성법의 핵심은 '논리적 사고'를 글로 구조화하는 것이라는 원 교수님의 한마디는 논문 앞에 방황하던 내 뺨을 후려쳤다. _ 정현덕 KBS 영상취재기자, KAIST 문술미래전략대학원 석사 과정

••• 논문 쓰기는 학자로서 교수로서 가장 큰일 중 하나다. 『원병묵 교수의 과학 논문 쓰는 법』은 내가 논문을 쓰는 데도, 전공의들과 대학원생들에게 논문 작성을 교육하는 데도 많은 도움이 되었다. 이 책은 연구자들의 필독서가 될 것이다. _ 양병은 한림대학교 임상치의학대학원장

••• 논문을 위한 글쓰기는 '과학'이 될 수 있음을 보여 준 책! _ 김재경 KAIST 수학과 및 기초과학연구원 교수

••• 학문의 세계에 진입한 분이라면 꼭 읽어 보세요! 부록의 마지막 페이지까지 읽어 보세요! _ 박영민 교육공학 박사, 부산국제고등학교 교사

••• 늦은 박사생에게 논문은 높은 산이자 막막한 담이었습니다. 그런데 원 교수님의 쉽고 친절한 강의를 들으며 '어쩌면 나도 논문을 빨리 끝낼 수 있을 것 같다'는 행복한 희망을 품었습니다. 논문 쓰기에 처음 도전하는 분도, 논문을 빨리 끝내고 싶은 분도 교수님의 안내를 따라 차근차근 배우면 어느새 논문을 쓰고 있는 자신을 발견할 것입니다. _ 김민주 성결대학교 이민정책학과 박사 과정

• • • 논문 작성의 스킬뿐 아니라, 연구자로서의 경험, 연구자가 지녀야 할 태도, 힘든 과정 속에서 기쁨을 찾아내는 법까지 알려 주는 책!
_ 최나래 충북대학교 도시공학과 박사 수료

• • • 칠흑 같은 어둠 속 망망대해에서 첫 논문 작성의 두려움을 안은 초보 선장에게 한 줄기 등대 빛이 되어 주는 책. 당장 내일부터 논문을 써야 하는 대학원생 필독서로 추천합니다! _ 차지혜 연세대학교 언론홍보대학원 석사 과정

• • • 논문 작성법을 이렇게 체계적으로 가르치고 동기를 부여하는 강의는 처음이었다. _ 이선미 국립생태원 보전평가연구본부 연구원

• • • 소심한 성격에 지도 교수님께 적극 도움을 청하는 것도 어려워하던 제게 원 교수님의 논문 작성법 강의는 당장 사용할 수 있는 유용한 조언뿐만 아니라 막막한 벽을 넘어갈 용기를 주었습니다. 이제 잘 정리된 책으로 더 많은 분들께 찾아간다니 기쁩니다. _ 김예진 KAIST 생명화학공학과 박사 과정

• • • 풍부한 경험이 녹아 있는 실전 팁들은 아카데믹 라이팅(Academic writing) 전공자이며 인문학자인 저에게도 큰 도움이 되었습니다. 이 책의 설명에 따라 커버 레터를 수정하여, 수차례 데스크 리젝트를 받았던 논문을 SSCI 저널 리뷰로 넘겼답니다. _ 이성용 한남대학교 영어교육과 교수

• • • 석사나 박사 과정을 시작하기 전에 이 책을 읽었더라면! 논문의 구조, 논문 쓰기와 출판을 속속들이 이해할 수 있는 책. 이렇게 유용한 책을 한글로 읽을 수 있어서 정말 좋다. _ 이경화 영국 버밍엄시티대학교 시각디자인학과 교수

• • • 사회과학이나 디자인 연구자들에게 이 책을 추천한다. 논리적 글쓰기라는 큰 틀에서 과학 논문 접근법이 다른 필드의 논문 접근법과 어떤 부분이 유사하고 다른지, 그 이유는 무엇인지를 철학적으로 생각해 볼 수 있는 좋은 기회를 제공한다. _ 이보연 영국 랭커스터대학교 디자인학과 박사 과정

"논문 쓰기는 Delicate Tension 과정의 연속"

칸딘스키, 〈Delicate Tension〉, 1923, 스페인 마드리드 티센보르네미사 미술관 소장

논문 쓰기, 지금 알고 있는 걸
그때도 알았더라면…

이 책은 논문을 쓰기에 앞서 알아야 할 가장 기본적인 사항을 정리한 것입니다. 논문 쓰기 길잡이 역할을 하는 '마스터 북'으로서는 부족함이 많지만 실전에 유익한 정보를 제공하는 기본서로서 논문 쓰기의 길을 열어 보고자 합니다. 이 책의 시작은 필자가 2021년 1월부터 2월까지 온라인 공개 강의를 하며 제공한 '논문 작성법 강의 노트'입니다. 약 100명의 수강생들에게 7주 동안 매주 토요일 아침 9시부터 12시까지 강의를 했는데, 실전의 경험을 바탕으로 오프닝 강의 1회, 본강의 5회, 논문 작성 실전 강의 1회로 총 7회에 걸쳐 논문 쓰기의 노하우를 공유했습니다.

연구의 완성은 논문이다

박사 학위 없이 열정만 가득한 '아마추어 과학자'였던 시절, 과학 논문을 제대로 쓰고 싶은 간절함이 컸습니다. 저는 학부 과정에서 금속공학을 전공한 뒤, 공부를 계속하고 싶어 군 입대를 미루고 곧바로 대학원 신소재공학과에 진학했습니다. 그런데 석사 과정 중에 어쩌다 인생의 가장 소중한 인연을 만나 결혼을 하게 되었어요. 이후 석사를 마치고 가장으로서의 책임을 다하기 위해 병역특례로 회사 연구소에 들어갔습니다. 성실하게 연구개발 업무를 수행하면서 나름 유용한 결과를 얻었지만, 석사 과정 동안 논문 쓰기 훈련이 부족했던 저는 논문을 완성할 수 없었습니다. 특례 의무 기간을 마칠 즈음 논문 쓰기를 제대로 배우고 싶다는 마음이 간절했습니다. 결국, 회사를 그만두고 박사 과정에 진학했습니다. 그때 나이가 서른두 살입니다.

박사 과정은 신소재공학과에서 시작했는데, 방사광 가속기에 구축된 엑스선 현미경을 활용하여 부드러운 물질의 내부 구조와 유동 현상을 연구하다 보니 물리학 관련 연구를 주로 했습니다. 엑스선 현미경은 물질을 파괴하지 않으면서 해상도와 투과력이 뛰어나 물질 내부의 미세 변화를 관찰하는 데 최적의 현미경입니다. 저의 박사 학위 논문은 엑스선 현미경으로 부드러운 물질을 연구한 첫 사례였습니다. 부드러운 물질은 액체나 단단한 고체와는 다른, 특이한 구조와 역동성을 보이기 때문에 상당히 흥미로운 주제입니다. 저는 이 분야를 심도 있게 연구하고 싶었습니다. 그래서 박사 학위를 받은 후 미국으로 건너가 부드러운 물질을 연구하는 물리학과 연구실에서 포닥 연구원 경력을 쌓았습니다.

처음에 회사를 그만두고 박사 과정에 진학했을 때, 새로운 주제와 연구 방법을 배우는 것도 좋았지만, 논문 쓰는 법을 훈련하고 여러 논문을 출판하면서 얼마나 행복했는지 모릅니다. 수많은 시행착오의 시간을 보내고 난 지금은 논문 쓰기가 그리 어렵지 않습니다. 오히려 즐겁습니다. 논문을 쓰는 동안 연구가 완성되는 순간을 실시간으로 목격하기 때문에 '아이의 탄생'만큼이나 경이로운 기쁨을 만끽할 수 있습니다. 더욱이, 논문 쓰기 훈련이 잘되어 있다면 어느 분야든 자신의 연구를 확장하여 논문을 쓸 수 있습니다.

회사 연구소에서 일할 때 저의 과제는 전자제품의 성능을 최대한 끌어내면서 수명을 증가시키는 것이었습니다. 성능이 향상되면 수명이 짧아지고 수명을 늘리려고 하면 성능이 떨어지는 상황을 개선해야 했습니다. 원하는 성능의 전자제품을 설계하면서 수명도 미리 예측할 수 있어야 했는데, 그때까지 공부한 내용으로는 이해하기 어려운 분야였습니다. 그래서 산업공학의 '신뢰성 공학'이나 '통계 수리 모델' 등을 혼자 공부했고, 마침내 새로운 수리 모델을 제안하여 제품의 수명 예측에 활용할 수 있었습니다.

이 모델은 전자제품에만 적용되는 것이 아니었습니다. 독일 막스플랑크 인구통계연구소와 미국 UC 버클리 인구통계학과가 공동으로 '인구 통계 데이터베이스'를 운영하고 있으며 각 나라별로 인간의 수명 데이터가 공개되어 있다는 사실을 알고, 제가 개발한 수리 모델을 인간 수명 예측에 적용해 보았더니 아주 잘 맞는 것이었어요. 그 결과가 의미 있다고 생각해서 논문으로 출판하고 싶었지만 타 전공 분야에 대한 논문 출판은 당시 저의 실력으로는 거의 불가능했습니다. 이러한 상황은 논문을 잘 쓰고 싶다는 열망을 증폭시켰고, 제가 박사 과정 진학을 결심하는 하나의 계기가 되었습니다.

새로운 수리 모델을 적용한 인간 수명 예측 분석 결과는 박사 과정 중에 논문[1]으로 출판할 수 있었습니다. 이후 독립 연구자가 되었을 때 우연히 티라노사우루스의 수명 데이터가 발표된 《사이언스》 논문을 발견하고, 앞서 개발한 수리 모델을 활

---

1   B. M. Weon & J. H. Je, "Theoretical estimation of maximum human lifespan", Biogerontology 10, 65-71 (2009).

용해 티라노사우루스의 수명 패턴을 평가하는 논문[2]을 단독으로 출판했습니다. 고생물학 분야의 화석 연구가 아닌 수리 모델 연구로부터 공룡의 수명 패턴이 파충류가 아니라 덩치가 큰 조류에 가깝다는 사실을 입증한 논문입니다. 이 논문 덕분에 학문의 경계를 넘나드는 기쁨을 누렸어요. 논문 쓰기 훈련이 잘되어 있다면 얼마든지 가능한 일입니다.

논문 쓰기의 기술

박사 과정을 시작한 첫 학기, 마침 한 교수님의 대학원 강의를 들으며 최신 연구 흐름을 배울 수 있었습니다. 학기 말까지 텀 페이퍼Term Paper를 내야 했는데요, 강의를 들으며 한 가지 아이디어가 떠올랐고, 문헌을 찾다가 좋은 모델 논문을 발견했습니다. 혹시나 하는 마음으로 그 논문 저자에게 데이터를 받고 싶다고 이메일로 요청했더니 친절하게도 원본 데이터를 보내 주었습니다. 곧바로 그 데이터를 분석하여 의미 있다고 여겨지는 결과를 얻었고, 이를 그림으로 표현하고 설명을 붙여 텀 페이퍼

2   B. M. Weon, "Tyrannosaurs as long-lived species", Scientific Reports 6, 19554 (2016).

를 완성했습니다. 좀 더 내용을 보완하면 학술지에 논문으로 투고해 볼 수 있겠다 싶었어요. 그래서 지도 교수님과 강의 교수님을 찾아가 논문 지도를 받으며 학기 말에 논문으로 완성해 투고했고, 얼마 후 게재 승인을 받을 수 있었습니다. 그 논문이 2005년 《저널 오브 어플라이드 피직스Journal of Applied Physics》 논문[3]입니다. 이 경험은 저에게 자신감을 심어 주었습니다. 생애 첫 논문은 아니지만 박사 과정에 들어와 쓴 첫 논문이었으며 이후 논문 쓰기에 상당한 용기를 얻을 수 있었습니다.

두 번째 인상적인 경험은 다음 학기에 찾아왔습니다. 다른 연구실 학생이 얻은 실험 결과를 우연히 보고 데이터 분석 아이디어가 떠올라 데이터 원본을 부탁했고, 곧바로 데이터 분석에 들어가 그 결과를 그림으로 정리했습니다. 아이디어를 얻은 날 그림을 완성하고, 다음 날 문헌을 찾아 정리하고, 이튿날부터 논문 작성을 시작하여 서너 날 뒤에 논문을 완성했습니다. 그렇게 아이디어부터 투고까지 딱 일주일이 걸렸고, 이후 투고 한 달 반 만에 게재 승인을 받았습니다. 이 논문이 2006년 《어플라이드 피직스 레터스Applied Physics Letters》 논문[4]입니다. 이 논문

---

3   B. M. Weon, J. L. Lee, & J. H. Je, J. Appl. Phys. 98, 096101 (2005).
4   B. M. Weon, S. Y. Kim, J. L. Lee, & J. H. Je, Appl. Phys. Lett. 88, 013503 (2006).

덕분에, 연구가 완결되어 데이터 정리가 가능한 상태라면 일주일 만에 논문을 완성하여 투고할 수 있다는 경험을 얻었습니다.

연구가 완결되어 그림 정리가 가능하다면 데이터 분석과 그림 준비에 하루, 문헌 탐색과 주제 확정에 하루, 제목과 초록 작성에 하루, 문헌 정리와 서론 작성에 하루, 본론의 결과 작성에 하루, 본론의 논의와 결론 작성에 하루, 투고 준비에 하루, 이렇게 작업하여 일주일 동안 논문 쓰기를 완료할 수 있습니다. 실제로 가능한 일정입니다.

이 책의 뼈대는 2013년《피지컬 리뷰 레터스Physical Review Letters》논문[5]을 작성했을 때의 경험을 주로 참고했습니다. 논문 원고 준비에 사용한 주요 형식과 논문 쓰기의 전체 과정 설명도 이때의 경험을 바탕으로 삼았습니다. 이 논문의 근간이 된 최초 연구는 연구 노트에 기록된 날짜를 기준으로 2012년 3월 19일 시작되었습니다. 이후 2013년 1월 11일에 논문이 출판되기까지의 전체 과정은 다음과 같습니다.

아이디어와 핵심 문헌을 하나의 페이지에 모은 '한 페이지 초고'를 작성한 것이 2012년 3월 24일입니다. 이후 논문 작성을

---

5   B. M. Weon & J. H. Je, Phys. Rev. Lett. 110, 028303 (2013).

PRL **110**, 028303 (2013)

PHYSICAL REVIEW LETTERS

week ending
11 JANUARY 2013

Self-Pinning by Colloids Confined at a Contact Line

Byung Mook Weon* and Jung Ho Je[†]

X-ray Imaging Center, Department of Materials Science and Engineering, Pohang University of Science
and Technology, San 31, Hyoja-dong, Pohang 790-784, Korea

(Received 14 June 2012; published 11 January 2013)

Colloidal particles suspended in a fluid usually inhibit complete wetting of the fluid on a solid surface and cause pinning of the contact line, known as self-pinning. We show differences in spreading and drying behaviors of pure and colloidal droplets using optical and confocal imaging methods. These differences come from spreading inhibition by colloids confined at a contact line. We propose a self-pinning mechanism based on spreading inhibition by colloids. We find a good agreement between the mechanism and the experimental result taken by directly tracking individual colloids near the contact lines of evaporating colloidal droplets.

DOI: 10.1103/PhysRevLett.110.028303   PACS numbers: 47.57.J−, 68.08.Bc, 82.70.Dd, 82.70.Kj

★ 저자의 2013년 PRL 논문 앞부분

속도 있게 진행하여 원고를 완성하고, 처음 학술지에 투고한 것이 2012년 3월 27일입니다. 늘 있는 일이지만 첫 투고는 심사도 받지 못하고 돌려받았습니다. 투고된 논문의 약 10퍼센트만 심사를 받는 학술지였기에 큰 기대는 하지 않았습니다. 다시 논문 원고를 수정해《피지컬 리뷰 레터스》에 투고한 것이 2012년 6월 15일입니다. 첫 논문 심사 후 한 번의 수정 과정을 거쳐 최종 원고를 보낸 것이 2012년 12월 9일입니다. 최종 게재 승인되어 논문이 출판된 날짜는 이듬해인 2013년 1월 11일입니다. 이처럼 아이디어부터 출판까지 일련의 과정이 그리 오래 걸리지 않았습니다. 연구 초반에 '한 페이지 초고'를 잘 작성하면 이후의 투고와 출판 과정이 수월하게 진행됩니다.

연구자는 논문 쓰기를 두려워하면 안 됩니다. 논문을 쓰다 보면 예상했던 논리 전개가 여의치 않아 원고가 잘 진행되지 않을 때도 있고 전혀 다른 결론에 도달하면서 안타까울 때도 있지만 출판된 논문을 보면 모든 설움이 사라집니다. 연구자로서 가장 기억에 남았던 순간은 논문 심사에서 'Excellent' 한 단어로 표현된 심사평을 받았을 때입니다. '투고된 원고 상태 그대로(As Is)'라는 심사 평가를 받으며 논문을 출판할 때의 기쁨은 이루 다 말로 표현할 수 없습니다. 때론 고통스럽기도 하지만, 결과적으로 논문 쓰기는 진짜 유익하고 즐거운 작업입니다. 물론 고도의 집중이 필요한 작업이기도 합니다. 논문 작성에는 일정한 글쓰기 기술이 필요하며 이것을 습득하기 위해서는 적절한 노력과 훈련이 필요합니다. 학생들은 연구 방법 못지않게 논문 작성 방법을 배워야 합니다. 논문 쓰기의 기본적인 사항을 숙지하면서 연습하고 훈련하여 실전에 응용한다면, 주어진 학위 기간 안에 논문 쓰기를 숙달할 수 있습니다.

저는 박사 과정 3년 동안 《피지컬 리뷰 레터스》 논문을 포함하여 10여 편의 논문을 출판했으며, 앞서 소개한 것처럼 아이디어부터 투고까지 딱 일주일 동안 작업해서 《어플라이드 피직스 레터스》에 논문을 게재한 경험이 있습니다. 그간 과학, 공학,

의학 분야의 논문을 출판하면서 논문 쓰기에 어려움을 느끼는 학생들을 지도하는 데 도움이 될 경험도 쌓았습니다. 제가 체험한 것과 배운 것을 이 책을 통해 고스란히 전달해 드릴 생각입니다. 데이터가 있지만 누군가의 도움을 받기 어렵거나 논문 쓰기 훈련이 본격적으로 필요한 이들에게 이 책이 도움이 되길 바랍니다.

2021년 여름에

원병묵

2 제목과 초록 쓰기

3 서론 쓰기

본론과 결론 쓰기

1. 그림 구성

2. 본론

3. 결론

5 논문 투고

1. 논문 투고 준비

2. 온라인 투고 방법

논문 심사와 수정

1. 논문 심사

2. 논문 수정

3. 출판과 홍보

부록

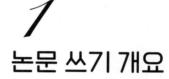

1

논문 쓰기 개요

1. 논문의 정의와 목적

논문을 어떻게 하면 잘 쓸 수 있을까? 이 문제는 과학자뿐
아니라 모든 연구자에게 언제나 중요한 문제입니다.
어떻게 논문을 쓸 것인지에 앞서 우리는 논문이란 무엇인지,
왜 논문을 써야 하는지, 어떤 주제를 쓸 것인지, 언제까지
논문을 써야 하는지 이해할 필요가 있습니다. 이 단원에서는
논문, 특히 과학 분야에서 논문의 의미와 중요성을 이야기해
보고자 합니다.

과학 논문은 무엇인가?

논문은 '논리'를 갖춘 글입니다. 학문적으로 중요한 주제를 깊이 탐구하여 그 결과를 논리적으로 정리한 글입니다. 모든 학문은 논문으로 정리되고 기록되며, 논문을 바탕으로 동료 학자와 '소통'하며 발전합니다. 학문의 소통이야말로 논문의 중요한 목적 중 하나이지요. 그래서 논문은 저자와 독자의 소통을 위해 적절한 형식을 갖추고 있습니다. 학술 저널에 게재된 논문은 편집 기준에 맞는 학술적 주제와 성과를 갖추고 있으며, 편집진과 동료 학자의 적절한 평가와 심사를 통과한 결과물입니다.

> "출판을 위해 제출된 논문이나 책, 그 밖의 연구물은
> 정직하고 객관적이며 신중하게 작성되고, 심사되고, 편집되고,
> 출판되어야 한다."
> - 데이비드 레스닉, 『과학의 윤리』, 양재섭·구미정 옮김(나남출판, 2016), 172쪽.

과학 논문은 '과학적 주제'를 다룬 논문입니다. 과학적 주제는 과학적으로 중요한 문제를 '과학적 방법'으로 탐구한 주제를 말합니다. 과학적으로 중요한 문제는 학문적 계보가 존재하며(간혹 완전히 독창적인 문제가 있기는 하지만 대부분의 문제는 학문적 기원과

흐름이 있지요), 선행 연구와 관련한 적절한 학술적 근거가 제시되어야 합니다. 과학적 방법으로 탐구한다는 것은 이론과 실험으로 검증 가능한 '과학적 증거'가 제시되어야 함을 의미합니다. 학술적 근거와 과학적 증거를 모두 갖춘 유의한 결과는 적절한 학술 저널에 출판할 가치가 있습니다. 학술적으로 출판할 가치가 충분한 논문은 '어떻게든' 출판됩니다.

　　논문을 통한 학문의 소통은 근본적으로 논문이 '논리적 사고'에 기초한 글이기 때문에 가능한 것입니다. 논문의 저자와 독자는 논리적 사고를 매개로 서로 소통합니다. 논문 쓰기의 핵심은 바로 논리적 사고를 글로 구조화하는 데 있습니다. 이러한 특성 때문에 논문을 통한 학문적 소통은 시대와 공간을 뛰어넘을 수 있습니다. 기회가 있다면 누구나 논문을 써 보면 좋겠습니다. 논문 쓰기는 논리적 사고 훈련에 매우 유익합니다. 논리적 사고의 구조화! 이것이 바로 논문 쓰기를 통해 우리가 진짜로 배워야 할 기초 역량입니다.

언제 논문을 쓰는 것이 좋은가?

최근 수행평가나 입시를 위해 중·고등학생들도 논문을 쓰는 경우가 종종 있습니다. 하지만 저는 개인적으로 너무 어린 학생들이 논문을 쓰는 것은 권유하고 싶지 않습니다. 수동적인 공부에 익숙한 학생들에게는 논문 쓰기도 수동적인 작업이 될 수 있기 때문입니다. 논문 쓰기는 아주 능동적인 작업입니다. 학문의 세계에 능동적으로 첫발을 내딛는 매우 중요한 과정입니다. 어린 학생들에게 잘못된 글쓰기 습관이 배는 것은 자칫 독이 될 수 있습니다. 논문 쓰기에 꼭 도전해 보고 싶은 학생들이 있다면 특별한 논문 지도가 필요합니다(이에 관해서는 부록에 첨부합니다). 대학생들도 논문을 쓸 이유와 기회가 거의 없는 편이지요. 그런데 외국의 경우 대학생 때 이미 세계적인 학술 저널에 논문을 발표하는 경우가 있습니다(하버드대학교에서 그런 학생을 본 적이 있습니다). 우리나라도 최근 학부생의 논문 발표가 늘고 있습니다.

　　논문을 써야 하는 가장 분명한 시기는 대학원생 때입니다. 학위 논문이 있어야 학위를 받고 졸업을 할 수 있기 때문입니다. 일반적으로 석사 학위 논문은 학술지에 발표한 1~3편의 논문이 하나의 주제로 묶이며, 박사 학위 논문은 학술지 논문 1~5편 분량으로 구성됩니다. 대학원에 들어오면 학위 논문을 포함해 학회나 학술지에 논문을 발표해야 하기 때문에 반드시 '논문 작성법'을 훈련해야 합니다. 간혹, 코스워크Coursework를 마친

후 학위 논문의 완성을 미뤄 두는 경우가 있는데, 되도록 빠른 시일 내에 논문 작성을 마무리하고 박사 학위를 마치는 것이 좋습니다. '자전거 타는 법'을 얼른 배워야 이후에 어디든 가고 싶은 곳을 자유롭게 갈 수 있으니까요.

논문 쓰기는 '절망'과 '희망' 사이의 줄타기

연구를 하다 보면 기대한 결과가 잘 나오지 않을 때가 많습니다. 첫 실험에 성공하더라도 그것을 재현하는 데 훨씬 더 많은 노력과 시간이 필요합니다. 이론을 정립할 때도 실험 결과와 잘 맞지 않는 부분을 해소하기 위해 무던히 애를 씁니다. 과학이라는 미지의 땅을 개척하는 탐험가라면 절망과 희망 사이에서 언제든 길을 잃을 각오를 해야 합니다. 어려운 상황을 자주 겪다 보면 일종의 내성이 생깁니다. 웬만한 일에는 크게 실망하지 않습니다.

논문을 투고할 때도 마찬가지입니다. 좋은 학술 저널에 논문을 투고하다 보면 첫 시도에 잘 안 되는 경우가 아주 많습니다. 첫 시도에 성공하는 것이 오히려 이례적일 만큼 당연한 일이지요. 과학자는 늘 작은 실패를 예상하며 도전합니다. 실패를 경험하지 않고서 단번에 성공하는 사람은 거의 없습니다. 논문은 작성 때부터 게재 승인이 될 때까지 절망과 희망 사이를 아슬아슬하게 줄타기하는 과정입니다(그래서, 칸딘스키의 〈Delicate Tension〉이 연상됩니다). 사실, 논문이 출판되기까지는 매우 많은 단계와 절차가 기다리고 있습니다. 우리에게는 그 모든 순간마다 절망을 희망으로 바꾸는 '마법'이 필요합니다. 이 책에 그 마법이 숨어 있습니다. 그 마법은 혼자 연습하여 터득하거나 훈련을 통해 습득할 수 있으며 무엇보다 실전에 유용하게 활용할 수 있습니다.

과학 논문 쓰기, 어디서부터 시작할까?

과학 연구를 하다 보면 많은 질문에 부딪칩니다. 연구란 무엇이고 논문은 무엇인지, 연구를 어떻게 하는 것이 좋고 논문은 어떻게 써야 하는지, 좋은 논문이란 무엇인지, 과학 논문을 잘 쓰려면 어떻게 해야 하는지, 영어가 문제인지 쓰기 자체가 문제인지, 왜 논문 쓰는 실력이 늘지 않는지, 어떻게 해야 논문 쓰는 실력이 좋아질 수 있는지 등등 여러 의문이 생깁니다.

먼저, 연구를 하는 것과 논문을 쓰는 것이 어떻게 다른지 알아야 합니다. 연구가 하나의 질문을 해결하는 과정이라면, 논문은 연구에서 얻은 해답을 논리적으로 설명하는 글입니다. 연구가 논문의 시작이라면 논문은 연구의 끝입니다. 대체로 연구가 우수해야 훌륭한 논문을 쓸 수 있습니다. 하지만, 연구를 잘한다고 논문을 잘 쓰는 것은 아니며 논문을 잘 쓴다고 연구를 잘하는 것도 아닙니다. 연구도 잘하고 논문도 잘 쓰려면 둘 다 제대로 훈련하고 방법을 습득해야 합니다. 독립 연구자가 되려면 박사 학위를 받고 졸업 후 어디에서든 자신만의 연구를 수행할 수 있어야 합니다. 그리고 계속해서 연구를 잘해 나가려면 논문도 잘 쓸 줄 알아야 합니다.

논문 쓰기를 어디서부터 어떻게 시작해야 할지 막막하다면 다음과 같은 질문들로부터 시작해 보세요. 하나하나 답하다 보면 논문 쓰는 일이 훨씬 구체적으로 다가오고 방법을 찾는 데 도움이 될 것입니다.

tip 논문을 쓰기 전에 반드시 생각해야 할 질문들

① [why] 왜 논문을 써야 하나?

② [what] 무엇에 대해 논문을 쓸 것인가?

③ [when] 언제까지 논문을 쓸 계획인가?

④ [how] 어떻게 논문을 써야 하나?

⑤ [who] 누구와 함께 논문을 써야 할까?

⑥ [where] 어디에서 논문 작업을 할 것인가?

여기서, '왜'는 논문의 목적에 해당합니다. '무엇'은 논문의 주제입니다. '언제'는 논문의 작성과 완성 시점입니다. '어떻게'는 '연구 방법론'과 '논문 작성법'을 포함합니다. '누구'는 논문의 저자를 의미하고 '어디'는 저자의 소속, 즉 연구를 진행하고 논문을 작성하는 시점에 저자가 속해 있는 연구 기관을 의미합니다. 논문 쓰기를 시작할 때는 논문의 목적과 주제가 분명하고 언제까지 논문을 완성해야 하는지(이것을 '마감 효과'라고 합니다)가 명확할수록 좋습니다. 그다음 질문인 어떻게 작성하고 누구와 함께 작성하고 어디에서 논문 작업을 할 것인가는 비교적 해결하기 쉽습니다. 처음 세 가지 질문이 어렵고 가장 중요합니다. 그다음의 세 가지 질문은 그렇게 어렵지 않아요. 어떻게든 방법을 찾고, 도움을 줄 전문가를 찾아, 적합한 곳을 정해 논문을 마무리할 수 있습니다.

영어 논문 쓰기

현재 주요 학술 저널에서 출판되는 과학 논문은 대부분 영어로 작성되어 있습니다. 따라서 학문으로 세계와 소통하고 경쟁하려면 영어로 논문을 작성해야 합니다. 그러려면 영어를 잘 알아야 하지요. 영어도 하나의 언어입니다. 언어는 깊이 많이 알수록 좋습니다. 하지만 영어가 능숙하지 않다고 너무 두려워할 필요는 없습니다. 영어 논문을 많이 읽고 영어로 논문 쓰기를 꾸준히 연습하면 영어 실력도 점차 나아집니다. 언어는 말과 글로 표현됩니다. 말을 잘하는 것과 글을 잘 쓰는 것은 '대체로' 비례합니다. 영어든 한글이든 평소에 연구 주제와 관련하여 많이 말하고 많이 써 보는 것 또한 영어 논문 쓰기에 도움이 됩니다.

논문 쓰기에서 제가 생각하는 '좋은 글'은 정확한 글입니다. 사안이 정확하고 명확하면 굳이 힘주어 주장할 필요가 없습니다. 과학적인 글은 무엇보다 사실에 대한 증거와 논리적 인과관계를 바탕으로 하고 있어 논리적인 사고의 구조화가 중요하다고 말씀드렸습니다. 생각이 논리적으로 정리되어야 좋은 글을 쓸 수 있습니다. 영어는 '주어/동사/목적어'가 비교적 명확하고, 주체와 객체의 구분이 뚜렷합니다. 따라서 영어로 생각하고 글을 쓰는 훈련은 논리적 사고에도 큰 도움이 됩니다.

아카데미 시상식에서 봉준호 감독이 '1인치의 언어 장벽'을 언급했듯이, 영어가 모국어가 아닌 우리가 영어 논문을 작성할 때도 분명 언어의 장벽은 존재합니다. 하지만, 과학 논문은 정확한 사실을 전달하는 글이라 인문이나 예술 분야에 비해 언어의 장벽이 그리 높지 않아요. 영어로 과학 논문을 쓸 때는 무엇보다 논리적 사고를 정확하고 명확하게 표현하는 데 노력을 집중하세요. 영어 문장을 매끄럽게 다듬는 것은 그다음입니다. 영어 문장 작성에 도움을 주는 사이트도 활용할 수 있어요.

영어 문장 쓰기에 유용한 사이트

① https://www.grammarly.com

② http://www.wordandphrase.info/frequencyList.asp

③ http://www.phrasebank.manchester.ac.uk

논문 쓰기 훈련의 세 단계

논문을 전혀 써 본 경험이 없다면 생애 첫 논문을 작성하는 일이 엄청난 도전이 될 것입니다. 논문을 처음 쓰는 것은 마치 난

생처음 연애편지를 쓰는 것과 같아서, 처음에는 무엇을 어떻게 시작해야 할지 막막하지요. 그래서, 수준에 따라 세 단계로 나누어 논문 쓰기를 훈련하는 방법을 제안합니다.

[초보 단계] 논문 모델 형식에 맞춰 작성하기

논문을 잘 쓰기 위한 훈련을 집중적으로 했던 박사 과정과 포닥 연구원 시절에 제가 발견한 좋은 방법 중 하나는 바로 '논문 모델 찾기'입니다. 작성하려는 논문 주제와 가장 스타일이 맞는 논문을 찾아 비슷한 형식으로 작성해 보는 것입니다. 제가 주로 논문 투고를 했던 학술 저널은 《네이처Nature》와 《네이처 머티리얼스Nature Materials》, 《네이처 피직스Nature Physics》, 《네이처 커뮤니케이션즈Nature Communications》 같은 네이처 자매지 그리고 《피지컬 리뷰 레터스Physical Review Letters》 등이었으며 여기서 좋은 논문 모델을 찾곤 했습니다. 과학 뉴스나 칼럼을 주로 수록하며 이해하기 쉽게 쓰인 《네이처 뉴스Nature News》나 《피직스 투데이Physics Today》에 실린 글도 좋아했습니다. 나중엔 《사이언티픽 아메리칸Scientific American》에 실린 글도 종종 참고했습니다. 자신의 연구 주제를 가장 잘 반영하는 스타일의 논문을 찾아서 비슷하게 작문해 보면 논문 쓰기 훈련에 큰 도움이 됩니다. 중요한 것은 본인이 직접 써 보고 잘한 점과 잘못한 점을 체득해야 한다는 것입니다.

[중급 단계] 선호하는 논문 형식에 맞춰 작성하기

논문 쓰기가 조금 익숙해졌다면 위의 방법보다는 가장 '일반적인 포맷'을 따라 원고를 써 보는 것이 좋습니다. 여기서 일반적인 포맷은 본인에게 가장 익숙한 논문 형식을 말하는 것으로, 제 경우에는 《피지컬 리뷰 레터스》 논문 형식입니다. 본인에게 맞는 좋은 논문 형식이 있다면 그 논문의 형식과 구성을 참조하여 논문 쓰기 준비를 할 수 있습니다. 저도 논문 쓰기가 어느 정도 익숙해진 다음부터는 모든 논문을 일단 《피지컬 리뷰 레터스》 형식으로 작성했습니다. 논문 쓰기 툴도 그 저널에서 선호하는 'REVTeX' 프로그램을 이용했습니다. 그렇게 초고를 완성하고, 나중에 목표로 하는 특정 학술 저널을 결정하면 그 저널 스타일에 맞추어 편집을 한 후 투고하면 됩니다.

[고급 단계] 백지에서 작성하기

논문 모델을 따라 작성하거나 익숙한 논문 형식에 맞춰 작성하는 단계를 넘어 충분히 숙달된 단계에 이르면, 백지에서 시작하여 가장 기본적인 논문 형식을 따라 먼저 원고를 완성합니다. 그렇게 완성된 원고를 자체적으로 평가한 뒤 연구의 경중을 따져 투고할 학술 저널을 결정합니다. 그리고 목표 저널에 맞춰 최종 형식을 수정합니다. 처음부터 선호도가 높은 톱 저널[1]을 목표로 논문을 작성하면 원고를 쓰는 과정이 부담이 될 수 있으며 심사 결과에 낙담하는 정도가 커집니다. 연구 성과의 경중을 스스로 객관적으로 평가하는 일은 중요합니다. 또한, 학자라면 학술 저널의 인용지수[2]에 관계없이 원칙적으로 모든 논문에 최선을 다하는 것이 좋습니다.

정리하면, 처음에는 논문 모델을 따라 써 보고, 점차 선호하는 논문 형식에 맞춰 쓰기를 훈련하다가, 최종적으로는 백지에서 논문의 기본 형식을 갖춰 쓸 수 있도록 숙달하는 것이 좋습니다. 그러려면 먼저 좋은 논문을 많이 읽어야 합니다. 논문

---

1   '톱 저널'은 인용지수가 높은, 학문 분야별 최상위 저널로, 분야별 상위 1%, 상위 5%, 상위 10% 등으로 표현하며 통상 상위 10% 이내면 톱 저널입니다.

2   인용지수(Impact Factor, IF)는 최근 2년 동안 학술지에 실린 논문이 다른 논문에 인용된 횟수를 학술지에 실린 전체 논문의 수로 나눈 값입니다. 저널의 우수성을 나타내는 대표적 지표지만, 자매지를 보유하거나 인용되기 쉬운 리뷰 논문이 많거나 논문의 출판 순환이 빠르면 인용지수가 커지는 경향이 있어, 학문 분야별 보정이 필요합니다.

을 많이 읽으면 좋은 논문 모델을 찾을 가능성이 높아집니다. 또한 논문을 읽다 발견한 중요한 키워드와 문장을 메모해 두면 관련 문헌을 찾을 때나 본문을 작성할 때 두고두고 쓸모가 있습니다. 논문 쓰기가 어느 정도 숙달되었다면 이제 백지에서 논문 쓰기를 시작해 보세요.

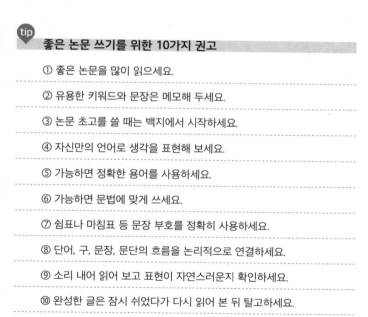

tip

좋은 논문 쓰기를 위한 10가지 권고

① 좋은 논문을 많이 읽으세요.

② 유용한 키워드와 문장은 메모해 두세요.

③ 논문 초고를 쓸 때는 백지에서 시작하세요.

④ 자신만의 언어로 생각을 표현해 보세요.

⑤ 가능하면 정확한 용어를 사용하세요.

⑥ 가능하면 문법에 맞게 쓰세요.

⑦ 쉼표나 마침표 등 문장 부호를 정확히 사용하세요.

⑧ 단어, 구, 문장, 문단의 흐름을 논리적으로 연결하세요.

⑨ 소리 내어 읽어 보고 표현이 자연스러운지 확인하세요.

⑩ 완성한 글은 잠시 쉬었다가 다시 읽어 본 뒤 탈고하세요.

2. 논문 쓰기 준비

논문을 본격적으로 쓰기에 앞서, 몇 가지 준비를 하는 것이
좋습니다. '연구 노트'는 연구 과정을 기록한 자료로서 평소에
꼼꼼하게 작성해 두면 논문 쓰기에 큰 도움이 됩니다.
자신의 연구를 누군가에게 말로 설명하는 '논리적인 말하기'
훈련 또한 매우 유익합니다. 논문의 글감과 틀잡기를 위해
'한 페이지 초고'를 작성해 보는 것도 좋습니다.
이 단원에서는 논문 쓰기의 준비 과정이라 할 수 있는 연구
노트 작성, 논리적인 말하기 훈련, 한 페이지 초고 활용법에
대해 이야기해 보겠습니다.

연구 노트 작성

연구 노트는 연구의 전체 과정을 기록한 노트입니다. 논문 쓰기에 앞서, 연구 노트 작성 방법을 알아야 합니다. 좋은 연구는 좋은 논문의 핵심입니다. 연구가 우수하면 좋은 논문이 될 가능성이 높습니다. 연구 노트는 연구를 잘하는 데 매우 큰 도움이 됩니다. 논문을 잘 쓰기 위한 훈련으로도 연구 노트 작성만큼 좋은 것이 없는데요, 연구 노트를 체계적으로 작성하면 논문 쓰기가 한결 수월합니다.

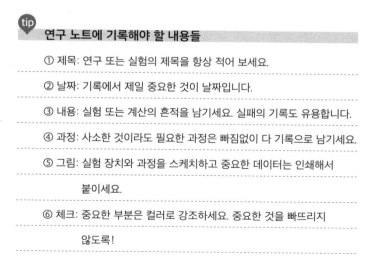

tip

연구 노트에 기록해야 할 내용들

① 제목: 연구 또는 실험의 제목을 항상 적어 보세요.

② 날짜: 기록에서 제일 중요한 것이 날짜입니다.

③ 내용: 실험 또는 계산의 흔적을 남기세요. 실패의 기록도 유용합니다.

④ 과정: 사소한 것이라도 필요한 과정은 빠짐없이 다 기록으로 남기세요.

⑤ 그림: 실험 장치와 과정을 스케치하고 중요한 데이터는 인쇄해서

붙이세요.

⑥ 체크: 중요한 부분은 컬러로 강조하세요. 중요한 것을 빠뜨리지

않도록!

연구 노트 활용에서 유의할 것들

① 연구 노트는 나중에 있을 실험의 검증에서 매우 중요합니다.

② 예쁘게 쓸 필요는 없습니다. 기록을 남기는 것이 중요합니다.

③ 연구 노트 작성은 연구 설계 훈련에 유익합니다.

④ 가장 품질 좋은 노트를 연구 노트로 쓰세요. 중요한 노트니까요!

⑤ 거의 매일 가지고 다니세요. 연구 과정에서 빠뜨리면 안 되죠!

⑥ 잘 쓴 연구 노트는 잘 쓴 논문의 토대가 됩니다.

논문 쓰기는 주장할 내용이나 중요한 과학적 발견을 논리적으로 정리하여 차근차근 글로 풀어 쓰는 과정입니다. 저자의 아이디어가 무엇인지를 독자에게 정확하고 알기 쉽게 전달하는 것이 중요합니다. 이를 위한 가장 효과적인 방법은 '잘 구성한 그림'으로 표현하는 것입니다. 본격적인 그림 (또는 표) 구성에 앞서 아이디어 흐름을 스케치해 보는 습관을 가지면 좋습니다. 평소에 연구 노트를 잘 활용해 보세요. 아이디어 스케치는 최종 완성할 그림과 글 구성에 도움을 줍니다.

논리적인 말하기 훈련

논문을 쓰는 데 실질적으로 어떤 어려움이 있을까 생각해 봅니다. 제가 생각하는 주요 원인은 크게 네 가지입니다.

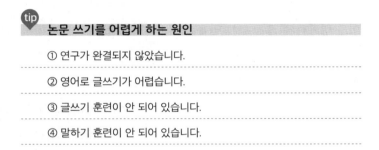

tip 논문 쓰기를 어렵게 하는 원인

① 연구가 완결되지 않았습니다.

② 영어로 글쓰기가 어렵습니다.

③ 글쓰기 훈련이 안 되어 있습니다.

④ 말하기 훈련이 안 되어 있습니다.

이 중에서 원인 ①은 2장의 '2. 논문 구성과 쓰는 순서' 부분에서 자세히 설명하겠지만, 연구가 어느 정도 완결된 시점에서 논문 쓰기를 시작하는 것이 가장 좋습니다. 그렇지 않으면 논문이 완성되기 어려워요. 원인 ②는 영어가 모국어가 아니기 때문에 어쩔 수 없는 요인입니다. 학술 저널이나 저자의 소속 연구 기관은 영어가 모국어가 아닌 연구자를 위한 다양한 지원 정책을 보유하고 있습니다. 원인 ③과 관련해서는 37쪽에서 간략히 말씀드렸습니다. 또한 최근 이공계 학생들을 위한 글쓰기

책들이 출간되었으니 참고하면 도움이 될 듯합니다. 여기서는 원인 ④에 대해 좀 더 자세히 말씀드리겠습니다.

논문은 논리적인 글입니다. 글쓰기는 말하기와 다르지만, 생각을 언어로 전달한다는 점에서 글과 말은 서로 연관이 있습니다. 말을 잘하는 것이 글을 잘 쓰는 데 도움이 됩니다. 논리적이고 명확하게 글을 쓰는 일은 논리적이며 간결하고 쉽게 말하는 것과 크게 다르지 않습니다. 영어라는 언어적 장벽 이전에 평소에 '논리적인 말하기' 습관이 안 되어 있으면 논리적인 글을 쓰는 것이 당연히 어렵습니다. 글을 (논리적이며 간결하게) 잘 쓰는 분들은 '말(강연)'도 잘합니다. 평소에 쉽고 간결하고 명료하게 논리적으로 말하는 훈련을 해 보세요. 리처드 파인만도 말했듯이 자신의 연구를 초등학생에게도 설명할 수 있어야 합니다. 이렇게 말하기 훈련이 바탕이 되어 있으면 학회나 논문 디펜스에서도 발표를 잘할 수 있습니다. 발표 시간에 맞춰 청중과 즐겁게 소통하며 핵심을 정확하게 전달할 줄도 압니다. 발표를 잘하면 논문 쓰기도 쉬워집니다.

글감과 틀잡기

글쓰기에서 글감과 틀잡기는 매우 중요합니다. 마찬가지로 좋은 논문을 쓰기 위해서는 무엇보다 '연구 주제(글감)'가 좋아야 합니다. 연구 주제는 성공적인 연구의 필수 요소이며 논문의 우수성을 지탱하는 뿌리입니다. 그다음은 주제가 잘 드러나도록 논문을 잘 '구성(틀잡기)'해야 합니다. 독자가 연구의 주제를 잘 파악할 수 있도록 연구 내용의 틀을 주제에 맞게 단단히 잡아주어야 합니다.

논문 쓰기의 시작은 언제일까요? 논문 쓰기는 연구의 기획과 진행 단계부터 시작된다고 보면 맞습니다(연구는 논문의 시작이며 논문은 연구의 끝이라고 말씀드렸지요!). 연구의 초기 단계에서 결론을 예상하고(초기의 예상이 결국 틀리는 경우도 많지만) 연구의 핵심 내용과 연구 방향을 포함하여 전체 틀을 잡아 보는 훈련을 하면 연구가 올바른 방향으로 가도록 힘을 집중할 수 있습니다. 틀잡기를 위한 좋은 아이디어가 '한 페이지 초고'입니다. 논문 쓰기를 본격적으로 시작하기에 앞서 한 페이지에 논문의 기본 형식에 맞춰 내용을 간략히 작성해 보는 것입니다. 이 방법은 제가 고안한 방법으로, 지난 10여 년 동안 연구 논문을 작성하는 데 매우 효과적이었기에 우선 추천하고 싶습니다.

 한 페이지 초고 쓰기

① 구성: 제목, 저자, 초록, 핵심 그림 1개, 핵심 문헌 10편

② 제목: 연구 초기에 제목을 잘 잡으면 길을 잃지 않을 수 있습니다.

③ 저자: 누가 이 논문에 더 기여를 해야 할지 명확해집니다.

④ 초록: 초록은 게재 승인 전까지 계속 수정할 것입니다.

⑤ 그림: 좋은 그림의 전달력은 글보다 1000배 이상입니다.

⑥ 문헌: 문헌은 많을수록 좋지만 핵심 문헌 10편 정도면 충분합니다.

⑦ 완성: 한 페이지 초고는 완벽한 것이 아닙니다.

⑧ 수정: 한 페이지 초고는 논문의 완성까지 계속 수정·보완합니다.

한 페이지 초고는 말 그대로 '한 페이지' 안에 적습니다. '제목'은 전체 논문의 결론을 간결하고 정확하게 표현한 것이면 됩니다. 연구 노트에 적은 연구 내용을 참고하여 핵심 주제나 결론을 하나의 짧은 문구로 표현하는 훈련은 추후 논문 제목을 정하는 데 아주 유용합니다. '저자'는 논문을 작성하는 주 저자만 일단 명확하게 적으면 됩니다. 앞으로 공동 저자가 추가될 가능성은 얼마든지 있습니다. 저자의 소속 등 자세한 사항은 기

입하지 않아도 됩니다. '초록Abstract'은 영어 단어 150자 정도로
작성합니다. 초록에서는 연구 배경과 이슈, 주요 쟁점과 핵심
아이디어, 연구의 주제와 결론 등을 한 문단 안에 적으면 됩니
다. 평소에 150자 정도의 초록 작성 훈련이 잘되어 있으면 학회
에 제출하는 초록은 아주 편하게 작성할 수 있습니다. 연구의
주요 아이디어나 핵심 결과를 대표적인 '그림' 하나로 표현할
수 있습니다. 제대로 구성한 그림 하나는 논문의 내용을 파악하
는 길잡이 역할을 합니다. 과학 저널 《네이처》나 《사이언스》는
30편 정도의 '문헌'을 표준으로 하지만 최근에는 문헌 숫자가
늘어나는 추세입니다. 한 페이지 초고에서는 관련 주제를 대표
하는 선행 연구 문헌을 중심으로 10편 정도를 목록으로 정리하
면 됩니다. 문헌 목록만 봐도 대략 어느 정도의 내용이 구성될
것이며 어떤 문헌이 인용될 것인지 가늠할 수 있습니다.

처음 작성한 한 페이지 초고가 완벽하지 않아도 실망할 필
요가 없습니다. 연구 과정에서 작성하는 한 페이지 초고는 본격
적인 논문 쓰기의 안내서 역할만 할 뿐입니다. 이후 완성된 논
문 원고나 출판된 논문이 한 페이지 초고와 아주 다른 것이 되
어도 괜찮습니다. 의외의 결론에 도달하면서 처음과 전혀 다른
방향으로 마무리되는 연구와 논문은 얼마든지 존재합니다. 한

페이지 초고는 계속 수정과 보완을 거듭하면서 논문으로 완성되어 갈 것입니다.

한 페이지 초고를 활용한 일주일 논문 작성법

한 페이지 초고는 논문의 뼈대와 같습니다. 여기에 살을 붙여서 내용을 구성하면 일주일 동안 집중하여 논문 작업을 마무리할 수 있습니다. 초반에 한 페이지 초고를 잘 준비해서 공동 연구자들과 합의가 되면 논문 방향이 흔들리지 않습니다. 수많은 원인으로 논문 작성에 집중하지 못하는 현상을 '왓슨 증후군'이라고 합니다. 그런 경우가 얼마나 많으면 이렇게 이름까지 붙었을까요? 하지만 시간을 정하여 집중해서 논문을 쓰는 훈련을 하면 핵심 내용을 흐름에 맞게 잘 연결하면서 일목요연하게 작성할 수 있고, 논문의 완성 가능성을 높일 수 있습니다.

> **tip 일주일 논문 작성 순서**
>
> ① 1일: 제목과 초록 작성
> ------------------------------------
> ② 2일: 그림과 표 완성
> ------------------------------------
> ③ 3일: 문헌 탐색과 정리
> ------------------------------------

④ 4일: 서론 작성

⑤ 5일: 본론 작성

⑥ 6일: 결론 작성

⑦ 7일: 전체 조율 및 논문 초고 완성

박사 논문과 학술지 논문의 차이

박사 논문은 박사 연구를 통해 자신의 '학문(철학Philosophy)'을 입증하는 연구 결과물입니다. 그래서 박사 학위를 'Ph. D.Doctor of Philosophy'라고 쓰기도 하지요(전공 분야에 따라 박사 학위의 명칭은 조금씩 다를 수 있습니다). 박사 논문은 단일 연구의 중요한 결과일 수도 있고 다수의 연구를 종합한 결과일 수도 있습니다. 하나의 주제를 심도 있게 다루는 박사 논문은 오직 하나의 주제만 집중하기에 한 편의 학술지 논문과 비슷합니다. 다수의 주제를 하나로 묶은 박사 논문은 여러 주제를 하나로 녹여 내는 공통된 철학을 담고 있습니다.

'게임 이론'으로 유명한 미국의 수학자이자 경제학자인 존 내시John Forbes Nash Jr., 1928~2015의 1950년 박사 논문은 「비협력 게임」이라는 짧은 제목의 논문입니다. 이 논문은 총 27쪽으로 분량 또한 매우 짧습니다. 논문에는 수식을 직접 손으로 적은 부분이 있는데, 그가 꽤 악필이었음을 알 수 있지요. 그럼에도 불구하고, 그의 논문은 수학 분야에서 가장 권위 있는 학술지인《수학연보Annals of Mathematics》에 수록되었습니다.[3] 또한 그는 이 짧은 논문으로 1994년 노벨경제학상을 수상합니다. 리처드 파인만Richard Feynman, 1918~1988은 1942년에 「양자역학의 최소작용 원리」라는 박사 논문을 썼습니다. 파인만의 박사 논문도 단일 주제에 집중하고 있으며 총 74쪽으로 짧은 편입니다. 이 논문은 이후 다듬어져 물리학 분야에서 가장 유명한《리뷰 오브 모던 피직스Reviews of Modern Physics》에 실려 출판되었지요.[4] 파인만은 양자전기역학을 발전시킨 공로로 1965년 노벨물리학상을 수상합니다.

존 내시와 파인만의 박사 논문은 단일 주제이기 때문에 출판된 학술지 논문과 거의 일치합니다. 학술지 논문은 하나의 주제를 다루며 '하나의 이야기'를 전달합니다. 그래서 학술지 논문은 길이가 짧은 편입니다. 반면, 박사 논문은 통상 다수의 주제를 종합적으로 다루며 여러 학술지 논문을 종합한 내용으로

---

3   J. Nash, Annals of Mathematics 54, 286~295 (1951).
4   R. P. Feynman, Rev. Mod. Phys. 20, 367~387 (1948).

구성되므로 짧게 쓰기가 어렵습니다. 짧은 박사 논문은 예외적이라고 할 수 있지요.

논문의 구조는 학술지 논문이든 박사 논문이든 비슷합니다. 모두 제목, 저자, 초록, 서론, 본론, 결론, 참고 문헌 등으로 이루어져 있습니다. 다만, 주제가 여럿인 박사 논문의 경우에는 본론이 여러 장으로 구성됩니다. 현대의 박사 논문은 대부분 단일 주제보다는 다수의 주제를 다루는 형태가 많습니다. 박사 기간 동안 다수의 연구 주제를 하나씩 완결하여, 결국 하나의 큰 주제를 완성하는 것입니다. 이러한 박사 논문은 본론의 각 장이 하나의 학술지 논문과 같습니다. 그러니, 박사 연구 동안 여러 편의 학술지 논문을 발표하는 것이 좋습니다.

박사 학위 과정에서 수행한 모든 연구와 모든 논문이 박사 논문에 포함될 필요는 없습니다. 본론의 각 장에 들어갈 수 있는 내용은 하나의 논문 제목으로 묶일 수 있어야 합니다. 박사 논문을 구성하는 일은 자신의 학문을 규정하는 것과 같습니다. 박사 논문의 범위와 주제를 어디까지로 정하느냐에 따라 박사 연구의 기간과 논문의 분량이 결정됩니다. 따라서 박사 연구 초기에 학위 논문의 결과를 예상하며 계획을 세우고, 박사 연구의 포트폴리오를 만들어 가야 합니다.

ANNALS OF MATHEMATICS
Vol. 54, No. 2, September, 1951

NON-COOPERATIVE GAMES

JOHN NASH

(Received October 11, 1950)

Introduction

Von Neumann and Morgenstern have developed a very fruitful theory of two-person zero-sum games in their book *Theory of Games and Economic Behavior*. This book also contains a theory of *n*-person games of a type which we would call cooperative. This theory is based on an analysis of the interrelationships of the various coalitions which can be formed by the players of the game.

Our theory, in contradistinction, is based on the *absence* of coalitions in that it is assumed that each participant acts independently, without collaboration or communication with any of the others.

The notion of an *equilibrium point* is the basic ingredient in our theory. This notion yields a generalization of the concept of the solution of a two-person zero-sum game. It turns out that the set of equilibrium points of a two-person zero-sum game is simply the set of all pairs of opposing "good strategies."

In the immediately following sections we shall define equilibrium points and prove that a finite non-cooperative game always has at least one equilibrium point. We shall also introduce the notions of solvability and strong solvability of a non-cooperative game and prove a theorem on the geometrical structure of the set of equilibrium points of a solvable game.

As an example of the application of our theory we include a solution of a simplified three person poker game.

Formal Definitions and Terminology

In this section we define the basic concepts of this paper and set up standard terminology and notation. Important definitions will be preceded by a subtitle indicating the concept defined. The non-cooperative idea will be implicit, rather than explicit, below.

Finite Game:

For us an *n-person game* will be a set of n *players*, or *positions*, each with an associated finite set of *pure strategies*; and corresponding to each player, i, a *payoff function*, p_i, which maps the set of all n-tuples of pure strategies into the real numbers. When we use the term *n-tuple* we shall always mean a set of n items, with each item associated with a different player.

Mixed Strategy, s_i :

A *mixed strategy* of player i will be a collection of non-negative numbers which have unit sum and are in one to one correspondence with his pure strategies.

We write $s_i = \sum_\alpha c_{i\alpha}\pi_{i\alpha}$ with $c_{i\alpha} \geq 0$ and $\sum_\alpha c_{i\alpha} = 1$ to represent such a mixed strategy, where the $\pi_{i\alpha}$'s are the pure strategies of player i. We regard the s_i's as points in a simplex whose vertices are the $\pi_{i\alpha}$'s. This simplex may be re-

286

★ 학술지에 실린 존 내시의 박사 학위 논문(1950년)

REVIEWS OF
MODERN PHYSICS

VOLUME 20, NUMBER 2   APRIL, 1948

Space-Time Approach to Non-Relativistic Quantum Mechanics

R. P. FEYNMAN

Cornell University, Ithaca, New York

Non-relativistic quantum mechanics is formulated here in a different way. It is, however, mathematically equivalent to the familiar formulation. In quantum mechanics the probability of an event which can happen in several different ways is the absolute square of a sum of complex contributions, one from each alternative way. The probability that a particle will be found to have a path $x(t)$ lying somewhere within a region of space time is the square of a sum of contributions, one from each path in the region. The contribution from a single path is postulated to be an exponential whose (imaginary) phase is the classical action (in units of $\hbar$) for the path in question. The total contribution from all paths reaching x, t from the past is the wave function $\psi(x, t)$. This is shown to satisfy Schroedinger's equation. The relation to matrix and operator algebra is discussed. Applications are indicated, in particular to eliminate the coordinates of the field oscillators from the equations of quantum electrodynamics.

1. INTRODUCTION

IT is a curious historical fact that modern quantum mechanics began with two quite different mathematical formulations: the differential equation of Schroedinger, and the matrix algebra of Heisenberg. The two, apparently dissimilar approaches, were proved to be mathematically equivalent. These two points of view were destined to complement one another and to be ultimately synthesized in Dirac's transformation theory.

This paper will describe what is essentially a third formulation of non-relativistic quantum theory. This formulation was suggested by some of Dirac's[1,2] remarks concerning the relation of classical action[a] to quantum mechanics. A probability amplitude is associated with an entire motion of a particle as a function of time, rather than simply with a position of the particle at a particular time.

The formulation is mathematically equivalent to the more usual formulations. There are, therefore, no fundamentally new results. However, there is a pleasure in recognizing old things from a new point of view. Also, there are problems for which the new point of view offers a distinct advantage. For example, if two systems A and B interact, the coordinates of one of the systems, say B, may be eliminated from the equations describing the motion of A. The inter-

[1] P. A. M. Dirac, *The Principles of Quantum Mechanics* (The Clarendon Press, Oxford, 1935), second edition, Section 33; also, Physik. Zeits. Sowjetunion 3, 64 (1933).
[2] P. A. M. Dirac, Rev. Mod. Phys. 17, 195 (1945).

[a] Throughout this paper the term "action" will be used for the time integral of the Lagrangian along a path. When this path is the one actually taken by a particle, moving classically, the integral should more properly be called Hamilton's first principle function.

367

★ 리처드 파인만의 박사 학위 논문에 기초한 학술지 논문(1948년)

단독 저자 논문과 공동 저자 논문

저는 박사 학위를 받고 독립 연구자로서 그간 80편 이상의 논문을 썼습니다. 그중 단독 저자로 출판한 논문은 네 편입니다. 저의 첫 단독 논문은 인간의 노화에 관한 것으로 《노인병리학 Biogerontology》에 실렸습니다.[5] 이 논문은 저의 전공 분야가 아닌 의학 분야 논문입니다. 가장 흥미로운 경험을 했던 단독 저자 논문은 티라노사우루스에 관한 《사이언티픽 리포트Scientific Reports》 논문입니다.[6] 이 논문은 고생물학 분야의 논문입니다. 전공과 다른 분야의 논문을 학생들에게 권할 수 없어 단독 저자로 출판했던 것입니다.

이처럼 논문 작성에 자신이 있고 학생들 참여가 어려울 경우, 단독 논문을 출판했습니다. 단독 논문은 특별한 상황이 아니면(연구 협력자를 찾기 힘든 경우가 아니면) 권하고 싶지 않습니다. 단, 수학 분야같이 단독 저자 논문을 출판해야 독립 연구자로

---

5   B. M. Weon, "A solution to debates over the behavior of mortality at old ages", Biogerontology 16, 375-381 (2015).

6   B. M. Weon, "Tyrannosaurs as long-lived species", Scientific Reports 6, 19554 (2016).

SCIENTIFIC REP☼RTS

OPEN | # Tyrannosaurs as long-lived species

Byung Mook Weon

Biodemographic analysis would be essential to understand population ecology and aging of tyrannosaurs. Here we address a methodology that quantifies tyrannosaur survival and mortality curves by utilizing modified stretched exponential survival functions. Our analysis clearly shows that mortality patterns for tyrannosaurs are seemingly analogous to those for 18th-century humans. This result suggests that tyrannosaurs would live long to undergo aging before maximum lifespans, while their longevity strategy is more alike to big birds rather than 18th-century humans.

Received: 23 March 2015
Accepted: 07 December 2015
Published: 21 January 2016

Tyrannosaurs including *Tyrannosaurus rex* (shortly *T. rex* meaning *tyrant lizard king*) are very popular to the public as well as among paleontologists although they became extinct 66 million years ago on the Earth[1]. Many mysteries about population ecology and actual behavior of tyrannosaurs have been resolved thanks to modern technologies and collective data in paleobiology[2–4]. In particular, rigorous anatomic methods have been developed[5] and eventually reliable life tables for tyrannosaurs were estimated[6] (a few data were updated later[7]). Using their demographic data, tyrannosaur aging dynamics was carefully interpreted[8]. Gompertz function[9] or Weibull function[10] was utilized to quantify tyrannosaur survival curves[6,8], but both might be insufficient to appropriately describe complicated biological survival curves. Suitable mathematical descriptions and statistical methods are still required to quantify survival and mortality curves of tyrannosaurs[11].

★ 단독 저자로 출판했던 티라노사우루스 논문(2016년)

인정받을 수 있는 분야도 있습니다. 이 경우에는 반드시 단독 저자 논문에 도전해야 합니다. 하지만, 그런 분야가 아닌 대부분의 과학이나 공학 분야의 논문이라면 좋은 협력자와 같이 쓸 것을 추천합니다. 우수한 연구자와 공동으로 논문을 집필하면 단독으로 쓸 때보다 연구 내용이 충실해지고 작성 단계에서 논문 검증이 동시에 이루어지기 때문에 좋은 논문으로 완성될 가능성이 높아집니다.

연습, 훈련, 실전

과학 서적을 많이 읽었다고 훌륭한 과학자가 되는 것은 아니지요. 논문 작성법에 관한 책을 여럿 읽었다고 논문이 잘 써지는 것도 아닙니다. 논문 쓰기의 본질은 끊임없는 연습과 훈련입니다. 연습은 혼자 하는 글쓰기이며 훈련은 논문 지도를 받는 것입니다. 또한, 연습과 훈련은 실전을 위한 것이지요. 연습과 훈련을 통해 실전에 부딪치면서 몸으로 배워야 합니다. 뒤의 2장에서는 실전 기술을 중심으로 말씀드릴 것이지만 그렇다고 논문 쓰기가 금방 나아질 수는 없습니다. 계속 써 보고 실패를 경험하면서 자신만의 논문 쓰기 방식을 터득해야 합니다.

학술지 논문과 학회 초록 작성을 지도하면서 또는 시험 답안을 채점하면서 학생들의 글쓰기 수준에 화들짝 놀랄 때가 있습니다. 자신의 이야기를 논리적으로 풀어 가는 데 어려움을 겪는 학생들이 많은 것을 보면서 글쓰기 훈련의 중요성을 새삼 깨닫곤 합니다. 의사소통을 위한 글이라면 독자에 따라 목적에 맞게 필요한 내용을 읽기 쉽고 명료하게 전달해야 합니다. 간결하고 논리적이며 문맥이 자연스럽게 이어지는 동시에 재미있고 유익하게 글을 쓰기란 쉬운 일이 아닙니다. 특히, 과학 논문은 과학적 사실을 기반으로 주장하는 바를 객관적으로 전달하는 글로, 정해진 형식을 갖춰야 하기 때문에 원래 어렵습니다. 그래서, 훈련이 필요한 것이지요.

하지만 훈련을 거듭하며 숙달할수록 논문 쓰기의 유익함을 깨달을 수 있고 논문 쓰기의 즐거움에 다다를 수 있습니다. 논문 쓰기는 어렵지만 유익하고 즐거운 작업입니다. 연구자의 연구 실력은 논문 쓰기 실력과 비례해 성장합니다. 논문 쓰기 훈련이 안 되어 있으면 훌륭한 연구자로 성장하는 것이 어려울 수 있어요. 연구자로 성장하는 과정에서 논문 쓰기에 너무 많은 에너지를 소모하지 않으려면 연구 경력 초반에 '논문 잘 쓰는 법'을 미리 훈련해 두어야 합니다. 앞에서 논문 쓰기를 '자전거 타기'에 비유했었는데요, 사실 논문 쓰기는 단순히 저자의 취미가 아니라 학문의 세계에서 경쟁하는 연구자가 갖춰야 할 기본 역량이기 때문에 '자전거 경주'에 더 가깝습니다. 경쟁에서 이기려면 더 훌륭한 역량을 갖춰야 합니다.

3. 논문 탐색과 저널 클럽

생애 첫 논문을 어떻게 시작해야 할까요? 자전거 타기를 처음
배울 때처럼 어떻게 시작해야 할지 전혀 모르겠고 두렵습니다.
처음엔 누구나 그런 경험을 합니다. 하지만 처음에 잘 훈련해
두면 어떤 주제든 어렵지 않게 작업할 수 있습니다. 그래서
생애 첫 논문은 되도록 빨리 도전해 보는 것이 좋습니다.
그리고 가능하면 누군가의 도움을 받는 것이 좋습니다. 처음
자전거를 탈 때와 비슷합니다. 첫 논문을 쓰려는 연구자에게
'논문 탐색'과 '저널 클럽Journal Club'은 훌륭한 첫걸음이 될
것입니다.

논문 검색과 정리

논문의 주제를 확정하기에 앞서 가장 관련이 높은 핵심 문헌을
10~30편 정도 정리하는 것이 좋은데요, 해당 주제와 가장 가까
운 좋은 논문을 찾는 방법은 사실 간단합니다. 구글 등의 검색
엔진에서 큰따옴표를 적절히 활용하면 논문 탐색 정확성을 높
일 수 있습니다. 이때 키워드를 정확하게 뽑아 탐색하는 것이
중요합니다.

저는 키워드를 하나 또는 서넛씩 묶어서 관련 문헌을 찾습
니다. 가령, 구글 창에 "A", "B", "C" 이렇게 입력하면 세 개의
키워드가 모두 포함된 논문을 우선 검색할 수 있습니다. 실습을
통해 논문 탐색 방법을 익히면 핵심 관련 문헌을 10분 이내에
찾을 수 있습니다. 가끔 학생들이 관련 논문을 찾다가 포기하고
미팅에 들어오면 바로 그 자리에서 핵심 논문을 서너 편 찾아
주곤 합니다.

가장 적합한 논문을 찾아야 방향을 놓치지 않고 제대로 갈
수 있습니다. 관련 문헌을 정리하는 순서는 다음과 같습니다.
논문을 쓸 때 문헌의 인용 순서도 동일합니다.

문헌 정리 순서

① 처음으로 문제를 다룬 역사적인 논문

② 그 문제에 대한 대가大家의 최신 리뷰 논문

③ 톱 저널의 최신 관련 논문

④ 해당(목표) 저널의 최신 관련 논문

⑤ 주제와 관련한 '나'의 논문

찾은 논문 파일은 다음 두 가지 방식으로 보관해 둡니다. 먼저, 내 컴퓨터에 문헌 폴더를 만들어 논문에서 반드시 기억해야 하는 기본 정보인 '저자-저널-연도' 순서로 파일 이름을 저장합니다. 제목이나 다른 정보는 포함하지 않습니다. 여기서 저자는 '제1 저자'를 의미합니다. 제1 저자는 논문 저자 중 맨 앞에 이름이 있는 저자로, 연구를 직접 수행하고 논문을 작성한 사람입니다. 한편, 이메일 주소가 적힌 저자는 '교신 저자'로, 보통은 연구를 총괄하고 책임지는 '책임 저자'인 경우가 많습니다.[7] 그러다 보니 대부분의 독자는 제1 저자보다 더 유명한 책임 저자를 기억하는 경향이 있는데요, 저는 가능하면 제1 저자

---

7   제1 저자와 교신 저자는 모두 '주 저자'이며 연구 기여도 100%를 인정받습니다.

를 기억해 주는 것이 좋겠다 싶어 그렇게 합니다. 가령, 커피 얼룩 효과의 원리를 설명한 《네이처》 논문[8]이 있다면 'Deegan-Nature-1997' 이렇게 파일 이름을 저장합니다. 이 논문은 로버트 디건Robert D. Deegan이 제1 저자이며 《네이처》에 1997년 게재되었다는 것을 의미합니다. 누군가에게 이 논문에 대해 언급할 때 "디건의 1997년 《네이처》 논문에 따르면…" 이렇게 얘기하면 전문가로서 손색이 없겠지요. '저자-저널-연도'를 꼭 기억하도록 합니다.

두 번째 방법은 위의 '문헌 정리 순서'대로 논문을 양면 인쇄하여 파일철에 보관하는 것입니다. 저는 가능하면 컬러 양면 인쇄를 선호하는데요, 어렵게 찾은 논문을 컬러로 인쇄하는 것은 스스로의 노력에 보상하는 의미가 있습니다. 애써 찾은 논문이니 정성껏 컬러로 인쇄하여 관리합니다. 그리고 논문 수가 많아지면 양면으로 인쇄하는 것이 부피를 줄일 수 있습니다. 간혹 아주 긴 리뷰 논문은 앞의 10쪽 정도만 인쇄합니다. 이렇게 정리한 파일철은 지도 교수님과 논의할 때 항상 들고 다닙니다. 키워드는 빨간 펜으로, 좋은 문장은 하이라이트로 표시합니다.

---

8   R. D. Deegan, et al. Nature 389, 827-829 (1997).

저널 클럽

저는 연구실에서 학생들과 연구 미팅을 하거나 대학원 수업을 할 때 '저널 클럽'을 운영합니다. 저널 클럽은 최신 논문 1~2편을 자세히 검토하는 정기적인 미팅을 말합니다. 연구자라면 정기적으로 최신 논문을 읽고 검토하는 것이 필요합니다. 최신 논문을 통해 연구 흐름을 파악하고 새로운 지식을 배울 수 있습니다. 또한, 논문 작성 사례를 익히고 목표 저널의 수준을 가늠하는 좋은 기회이기도 합니다. 저널 클럽 발표 자료는 5~6쪽 정도로 구성하고 10분 이내로 발표하는 것이 좋습니다.

> **tip**
> ### 저널 클럽 발표 구성 및 순서
> ① 제목과 출판 정보
> ----
> ② 주 저자와 연구 경향 검토
> ----
> ③ 가설과 실험 방법 검토
> ----
> ④ 결과와 결론 검토
> ----
> ⑤ 그래서 나에게 어떤 의미인지 평가·적용
> ----

저널 클럽에서 발표자는 논문 하나를 리뷰하면서 소개하

고(발표자는 자신의 연구를 발표하듯 내용을 숙지하여 전달), 청중은 논문을 객관적으로 평가합니다(청중은 논문 심사자와 같은 관점에서 논문을 평가). 저자와 심사자의 역할을 미리 맛보는 것으로 자연스럽게 논문에 대한 비판력을 키우는 것이지요. 저널 클럽 발표자는 나중에 자신의 연구 결과를 학회에서 발표할 때 저널 클럽의 훈련 효과를 톡톡히 경험합니다. 대학원 수업이나 연구실 운영에 가능하면 저널 클럽을 정기적으로 활용하는 것이 좋습니다.

제목과 초록 쓰기

1. 연구 노트 활용

'연구 노트'는 '연구 과정에서 일어나는 모든 것'을 기록하고
정리하는 노트입니다. 연구 노트를 얼마나 잘 활용하느냐에
따라 연구의 속도와 품질이 달라집니다. 연구 노트는 연구
수행의 '증거'이기도 하고 논문의 '재료'이기도 합니다. 연구
노트를 작성하는 방법은 간단합니다. 무엇이든 적으면 됩니다.
제 경험을 바탕으로 구체적으로 어떤 것을 연구 노트에
기록해야 하는지 설명하겠습니다.

제목과 날짜

먼저 '제목'과 '날짜'를 적습니다. 연구 노트는 기록의 성격이 있어서, 연구의 주제와 연구가 수행된 날짜의 기본 정보를 담고 있어야 합니다. 날짜는 연구의 진행 상황을 스스로 점검하는 데 중요할 뿐 아니라 연구가 실제로 이루어졌는지를 입증하는 역할을 합니다. 진본임을 입증하기 위해 연구 노트에 매일 사인을 남기는 것도 좋은 방법입니다. 다른 날의 연구와 구별하기 위해 선을 넣거나 굵은 글씨로 제목을 적거나 컬러로 명확하게 구분하는 것도 좋습니다. 어쨌든 기본적으로 제목과 날짜를 꼭 적어야 합니다.

연구 내용

실험에 필요한 재료와 측정 방법, 측정 원리, 측정 결과 등 실험과 관련된 모든 것을 적습니다. 기록에 너무 많은 에너지를 쏟을 필요는 없지만, 나중에 시간이 지나면 상세한 정보를 잊어버릴 수 있으므로 논문에 수록하거나 실험을 재현하기 위해 필요한 필수 정보는 꼭 기록하는 것이 좋습니다. 실험이 순차적으로 진행될 때 핵심적인 내용은 √ 표시를 남겨서 나중에 다시 참고할 수 있도록 합니다. 실험 데이터가 기록된 컴퓨터 파일 이름을 노트에 적어 두는 것도 좋습니다. 기록을 남기면 나중에 찾기 편하겠지요. 실험에서 얻은 중요한 결과를 붙이거나 나중에 '예쁜' 그림이나 표, 그래프를 추가로 덧붙여도 됩니다.

이론 구축

실험의 원인과 결과를 이해하기 위해, 종종 실험 도중에 또는 실험 전후에 이론을 구축하면서 실험과 비교합니다. 이론을 구축하는 과정, 즉 기본 가정을 세우고 수식을 만들고 수식을 통해 예측한 결과와 그 의미 등을 노트에 적습니다. 이론 전개를 하다보면 틀린 부분도 있을 수 있겠지요. 틀리는 것도 자연스러운 과정입니다. 나중에 다시 이론을 검토할 때 똑같은 실수를 하지 않으려면 앞의 실수를 노트에 그대로 두는 것이 좋습니다. 연구 노트는 기본적으로 지우거나 찢지 마세요. 틀린 부분은 펜으로 X 표시를 하거나 보기 싫으면 다른 종이를 덧붙여 살짝 감추면 됩니다. 실수를 삭제하는 것은 좋은 습관이 아닙니다.

핵심 결과

실험의 핵심 결과를 노트에 붙이면 좋습니다. 실험을 완결하고 나서 거의 완성된 수준의 그림이나 그래프를 붙이는 것도 좋습니다. 무엇이든 결과는 연구 노트를 빛나게 합니다. 중요한 성과이므로 컬러로 인쇄해서 한 페이지에 예쁘게 붙입니다. 꼭 참고하고 싶은 논문이나 자료의 중요한 그림과 표도 인쇄해서 붙입니다. 특히, 연구 아이디어나 중요한 결과를 스케치하는 습관이 좋은데요, 나중에 그림 구성의 바탕이 됩니다. 나아가 논문 쓰기의 길잡이 역할을 합니다. 연구 노트의 그림만 봐도 어떻게 이야기를 전개해야 할지 알 수 있습니다.

문헌 검토

마지막으로, 연구 과정에서 꼭 참조해야 하는 중요한 문헌을 검토하면서 그 논문의 핵심 문구나 데이터 등을 논문의 저자와 제목 등 출판 정보와 함께 기록합니다. 중요한 키워드는 하이라이트로 표시해서 언제든 눈에 잘 띄게 합니다. 새롭고 낯선 분야일수록 문헌 검토가 중요한데, 연구 노트에 정성스럽게 적어 두면 새로운 분야의 문헌 탐색을 잘할 수 있습니다.

연구에 가장 집중했던 포닥 연구원과 연구 교수 시절 제 연구 노트 일부를 공개합니다. 실험에 더 집중했던 때가 있었고

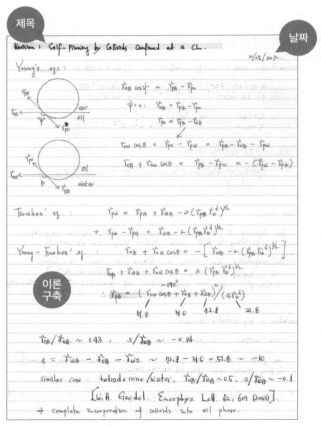

★ 이론에 집중했던 시기, 저자의 연구 노트

이론에 더 집중한 때가 있었네요. 지금은 그때만큼 연구에 집중하지는 못하는데, 연구를 하는 동안이 어쩌면 가장 행복한 시간이었던 것 같습니다.

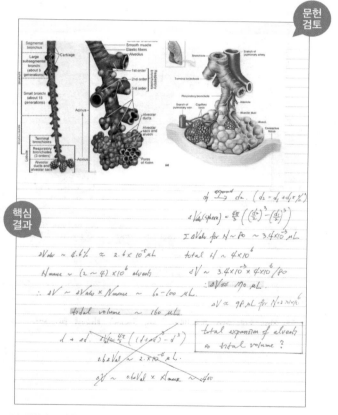

★ 실험에 집중했던 시기, 저자의 연구 노트

2. 논문 구성과 쓰는 순서

논문을 쓸 때 가장 큰 어려움은 무엇일까요? 바로 끝내고 싶을
때 논문이 끝나지 않는다는 것입니다. 원인이 무엇일까요?
의외로 많은 분들이 이것을 잘 모르고 있는데요, 논문은
연구가 완결된 시점에 작성하는 것이 가장 좋습니다. 연구가
완결된다는 것은 데이터가 모두 얻어지고 결론이 확고한
상태를 의미합니다. 논문의 모든 부분은 유기적으로 연결되어
있어 연구가 완결되지 않으면 하나의 결론에 도달하기 어렵고
전체가 하나로 묶이기 어렵습니다. 논문을 쓰는 동안 결론이
자꾸 흔들리면 글쓰기를 마무리할 수 없습니다. 대신 연구
중에는, 특히 연구 초기에 예비 결과를 얻어 연구를 계속
진행하는 것이 타당한지 판단할 때 '한 페이지 초고'를 작성해
보면 됩니다. 처음에 논문 방향을 잘 잡으면 이후의 작성
과정이 좀 더 효율적이고 수월합니다.

어떤 순서로 작성하는 것이 좋을까?

논문은 제목, 저자, 소속, 초록, 서론, 본론(방법, 결과, 논의), 결론, 참고 문헌, 보충 자료 등의 구조로 이루어져 있습니다. 분야마다 조금씩 다를 수 있지만 큰 틀은 그리 다르지 않습니다. 이 중 무엇부터 쓰는 것이 좋을까요?

논문을 처음 쓰거나 연구가 완결되지 않았거나 논문의 길이가 긴 경우에는, 그림과 표를 하나씩 정리하면서(데이터 정리) '결과를 먼저' 쓰는 것이 좋습니다. 그래야 논문의 핵심을 제대로 이해하면서 알맞은 제목을 적을 수 있고, 초록과 결론을 유기적으로 연결하며, 서론과 본론의 논의 부분을 완성할 수 있습니다(대체로 이 순서를 추천하지요). 하지만 연구자가 논문의 형식에 익숙하고, 연구가 완결되어 그림과 표가 준비되어 있는 짧은 논문이라면, 제목에서부터 결론까지 '순서대로' 작성하는 것도 괜찮습니다. 순서가 왔다 갔다 하면 논문 쓰기가 복잡하고 일이 많게 느껴지니까요.

'논문 작성법' 안내서나 강의에서 추천하는 논문 작성 순서는 조금씩 다른데요, 이것은 논문 쓰기의 요령이 사람마다 조금씩 다르기 때문입니다. 장단점을 파악해서 자신에게 맞는 방식으로 작성하면 됩니다. 제가 추천하는 방법은 논문 구조를 따라 순서대로 작성하는 것입니다. 저는 연구가 완결되면 그림과 표를 먼저 완성하고(스토리를 머릿속으로 정리), 이후 제목부터 결론까지 '순서대로' 작성하는 것을 선호합니다. 순서대로 작성하면 스토리를 물 흐르듯 연결할 수 있습니다(논문을 순서대로 작성하는 방법은 연구가 이미 완결된 상태일 때 유용합니다).

그림 구성과 스토리 구상

다시 한번 요약하면, 제가 제안하는 논문 쓰기 순서는 ⅰ) 완결된 연구의 그림과 표를 먼저 완성하고 ⅱ) 제목부터 결론까지 순서대로 원고를 작성하는 것입니다. 그림과 표를 먼저 완성하면서 스토리를 머릿속으로 정리하고 순서를 구상합니다. 머릿속으로 논문을 미리 써 보는 것이지요. 학술지에 따라 그림과 표의 개수가 정해져 있는데요, 짧고 파급력이 높은 연구 논문일수록 그림과 표의 개수가 적습니다(연구 논문이 아닌 총설 논문의 경우, 그림과 표의 수가 많을 수 있습니다). 분량 제한이 있는 경우, 많은 결과를 집약해서 하나의 그림과 표에 넣어야 하기 때문에 그림과 표 구성에는 고도의 숙련된 기술이 필요합니다.

그림과 표 완성은 논문을 작성하는 것 못지않게 매우 중요한 작업입니다. 저만의 그림 구성 방법을 소개하자면, 저는 그림 하나에 여러 '패널(그림 속의 그림)'을 배치하면서 패널 간의 간격, 높이, 너비 등의 디자인과 선의 종류, 폰트Font의 구성 등을 균일하고 정밀하게 조정합니다. 그림의 가독성을 고려하여 중요한 부분을 한눈에 알아볼 수 있도록 컬러나 굵은 글씨로 영리하게 구성합니다. 예를 들어, 강조하고 싶은 부분은 붉은색 화살표로 명확하게 표시하거나 굵은 글자를 써서 도드라지게 표시합니다. 그림 하나에 하나의 스토리를 완성하는 것입니다. 가능하면 그림과 그림 사이도 논리적으로 연결되도록 구성합니다. 그림만 봐도 전체 스토리를 이해할 수 있도록 최선을 다해 스토리를 구조화하여 구성해야 합니다. 마치 최고의 예술 작품을 완성하는 것과 같습니다.

물리학이나 공학 저널에서는 그림으로 충분한 경우도 많지만 의학이나 통계학 저널에서는 데이터를 표로 제시하는 것이 중요합니다. 표를 구성하는 방법은 학술지에 따라 다른데요, 저널마다 안내된 방식을 따르면 됩니다. 표는 저자의 개성이 발휘되기 어려운 부분이지만, 표가 잘 구성된 논문을 참고하여 작성하면 좋습니다.

3. 제목과 초록

논문의 전체 내용을 대표하며 독자가 가장 먼저 읽게 되는
부분이 '제목Title'과 '초록Abstract'입니다. 논문의 제목은
신문의 헤드라인과 마찬가지로 논문 전체 내용을 집약한 짧은
문구입니다. 초록은 전체 내용을 하나의 문단으로 요약 정리한
요약문입니다. 학술 저널은 구독 여부와 관계없이 거의 모든
논문의 제목과 초록을 공개합니다. 따라서 논문의 제목과
초록만 읽어 봐도 독자가 내용을 충분히 유추할 수 있도록
짧으면서도 명확하게 작성해야 합니다. 짧지만 논문의 인상을
좌우하는 부분인 만큼 쓰기가 쉽지는 않습니다. 제목과 초록은
어떻게 작성하는 것이 좋은지 살펴보겠습니다.

제목은 논문 쓰기의 시작과 끝

논문의 제목은 상품의 '브랜드'와 같습니다. 그 논문만의 고유한 제목을 붙이는 것이 좋지요. 그래서 논문의 제목을 정할 때는 반드시 동일한 제목이 이전에 없었는지 검토해야 합니다(구글 검색의 따옴표 "제목" 검색 방법을 활용하면 됩니다).

논문의 제목은 짧을수록 파급력이 큽니다. 대가의 논문은 대부분 제목이 짧습니다. 가령 알베르트 아인슈타인의 1951년 논문[1] 제목은 '양자 이론의 도래The Advent of the Quantum Theory'였고, DNA 이중나선 구조를 밝힌 프랜시스 크릭의 1979년 논문[2] 제목은 '유전자 분할과 RNA 스플라이싱Split Genes and RNA Splicing'이었습니다. 짧은 제목은 적용 범위가 넓어 인용될 가능성이 높지요. 하지만 특정 학술지는 논문 제목을 상세하게 적시하도록 안내하며, 개별 연구 논문은 제목을 짧게 하기가 어렵습니다. 그럼에도 불구하고, 논문 제목은 짧을수록 좋습니다. 논문의 핵심 내용을 몇 개의 단어 안에 명확하게 집약하는 것은 논문의 내용을 완벽하게 이해할 때 가능합니다. 논문의 제목만 봐

---

1   A. Einstein, Science 113, 82-84 (1951).
2   F. Crick, Science 204, 264-271 (1979).

도 전체 내용을 유추할 수 있어야 합니다.

영어 논문에서는 가장 중요한 단어가 제목의 가장 앞에 나옵니다. 제목의 첫 단어는 논문 전체에서 가장 중요한 단어여야 합니다. 첫 단어를 정확하게 잡아야 다음 단어를 적절히 연결할 수 있습니다. 저는 제목을 5~7개 단어로 쓰는 것을 선호합니다. 제목은 연구의 모든 내용을 완벽하게 이해한 후에 정하는 것이 좋습니다. 처음에는 방향을 잡는다고 생각하면서 제목을 잡아보고 나중에 논문이 마무리되면 다시 한번 제목을 수정합니다. 논문의 제목은 논문 쓰기의 시작과 끝입니다.

초록은 논문의 안내 지도

논문의 초록은 논문의 전체 이야기를 요약하여 하나의 문단으로 구성한 부분입니다. 논문 내용을 한눈에 파악할 수 있는 안내 지도라고 할 수 있습니다. 따라서 초록은 연구의 배경과 이슈를 안내하면서 연구의 핵심 결과와 결론을 보여 주어야 합니다(결과들이 모여 하나의 결론이 됩니다). 이와 함께, 초록을 읽은 독자가 계속 본문을 읽고 싶도록 만들어야 합니다. 초록의 구조는 대체로 다음과 같습니다.

tip 초록의 구조

① 연구 주제의 일반적 배경과 이슈

② 논문에서 다루는 문제의 핵심

③ 연구의 핵심 방법과 결과

④ 주요 결과의 상세 요약

⑤ 연구의 기여와 전망

초록 작성 방법은 학술지에 따라 약간 다른데요, 《네이처》에서는 해당 분야의 전문가가 아니라도 이해할 수 있도록 연구 배경과 주요 이슈로 초록을 시작합니다. 《사이언스》를 비롯한 많은 저널들이 앞의 배경과 이슈를 생략하고 곧바로 연구의 핵심 결론을 명시하면서 초록을 시작하는 것과 비교되지요. 그래서 《네이처》 초록은 다른 저널들에 비해 길이가 다소 깁니다. 반면, 《사이언스》는 보다 집약적인 초록을 선호합니다. 이처럼 저널에 따라 약간의 차이는 있지만, 초록은 너무 짧아도 안 되고 너무 길어도 안 됩니다. 한 문단 안에 논문의 핵심 내용이 모두 명시되어야 하니까요.

논문 초록을 잘 작성하려면 훌륭한 초록을 수록한 논문을 참조하여 많이 써 보아야 합니다. 다음의 《네이처》 논문을 모델로 논문의 제목과 초록을 직접 작성해 보세요.

nature 네이처 초록 작성 방법

예시 논문: Nature 435, 114-118 (5 May 2005).

❶ During cell division, mitotic spindles are assembled by microtubule-based motor proteins[1,2]. The bipolar organization of spindles is essential for proper segregation

❷ of chromosomes, and requires plus-end-directed homotetrameric motor proteins of the widely conserved kinesin-5 (BimC) family[3]. Hypotheses for bipolar spindle formation include the 'push–pull mitotic muscle' model, in which kinesin-5 and opposing motor proteins act between overlapping microtubules[2,4,5]. However, the precise roles of

❸ kinesin-5 during this process are unknown. Here we show that the vertebrate kinesin-5 Eg5 drives the sliding of

❹ microtubules depending on their relative orientation. We found in controlled *in vitro* assays that Eg5 has the remarkable capability of simultaneously moving at 20 nm s^{-1} towards the plus-ends of each of the two microtubules it crosslinks. For anti-parallel microtubules, this results in

❺ relative sliding at 40 nm s^{-1}, comparable to spindle pole separation rates *in vivo*[6]. Furthermore, we found that Eg5 can tether microtubule plus-ends, suggesting an additional microtubule-binding mode for Eg5. Our results demonstrate how members of the kinesin-5 family are likely to function in mitosis, pushing apart interpolar

❻ microtubules as well as recruiting microtubules into bundles that are subsequently polarized by relative sliding. We anticipate our assay to be a starting point for more sophisticated in vitro models of mitotic spindles. For example, the individual and combined action of multiple ❼ mitotic motors could be tested, including minus-end-directed motors opposing Eg5 motility. Furthermore, Eg5 inhibition is a major target of anti-cancer drug development, and a well-defined and quantitative assay for motor function will be relevant for such developments.

❶ 모든 분야의 과학자가 이해할 수 있도록 연구 분야에 대한 기본적인 소개를 제공하는 1~2개 문장.

❷ 관련 분야 과학자들이 이해할 수 있도록 보다 자세한 배경지식을 설명하는 2~3개 문장.

❸ 본 논문에서 다루고 있는 개괄적인 문제를 명확하게 설명하는 한 문장.

❹ 주요 결과를 요약한 한 문장
(가령 "Here we show"와 같은 문구로 시작).

❺ **선행 연구 결과와 직접적인 비교가 가능한 주요 결과 또는 이전 지식에 어떻게 새로운 지식이 추가되는지를 밝히는 2~3개 문장.**

❻ 결과를 좀 더 일반적인 맥락으로 표현한 1~2개 문장.

❼ 모든 분야의 과학자가 이해할 수 있도록 연구 전망을 제시하는 2~3개 문장.

https://www.nature.com/documents/nature-summary-paragraph.pdf

3
서론 쓰기

1. 서론

'서론Introduction'은 내 연구의 학문적 성취를 평가해
학문의 계보에서 정확한 위치를 파악하도록 돕는
'내비게이션Navigation'이라고 할 수 있습니다. 현재 위치를
정확하게 알아야 독자가 앞으로 가야 할 방향을 똑바로 알 수
있습니다. 따라서 독자의 관점에서 연구의 배경 및 해결하고자
하는 문제나 핵심 가설과 아이디어 등을 상세하게 설명해야
합니다. 서론에서는 특히 선행 연구에 대한 문헌 인용을
정확하게 표시해야 합니다. 이와 관련하여 서론에서 피해야 할
표현과 함께 서론 작성 방법을 알아보겠습니다.

서론에서 피해야 할 표현

논문 작업을 본격적으로 시작하면서 드는 생각 중 하나는 '과연 이 논문이 어떤 가치가 있을까?'입니다. 학문의 계보에서 연구의 가치를 정확하게 파악해야 시행착오를 줄이며 논문 출판 가능성을 높일 수 있습니다.

'세계 최고', '세계 최초', '교과서를 바꿀' 연구라는 표현은 문헌 조사를 완벽하게 끝냈을 때, 진짜 내 연구가 그 정도 수준이라는 판단이 서지 않는다면 사용하지 않는 게 좋습니다. 어떤 학술지는 '최초', '최고', '유일' 등의 단어를 사용하지 말 것을 요청합니다. 학자라면 어떤 분야라도 학문의 계보를 완벽하게 파악하기가 어렵다는 걸 알 것입니다. 그러니 함부로 사용해서는 안 되는 금기어가 있습니다. 자신의 연구에 대한 애정이 강하다 보면 때론 표현이 과해질 수 있습니다. 하지만 논문을 작성할 때는 감정을 누르고 확인된 사실만을 적어야 합니다. 서론은 학문의 길을 안내하는 내비게이션과 같아요. 내비게이션을 신뢰할 수 있어야 안심하고 길을 따라갈 수 있습니다. 그러므로 학문의 계보에서 어디까지가 기존에 연구된 내용이고 어디부터 새로운 연구 결과인지를 선행 연구의 고찰과 인용을 통해 명확하게 구분해 주어야 합니다.

서론은 초록의 확장

논문의 서론은 앞서 작성한 초록의 확장이라고 생각하면 됩니다. 초록에서 연구 배경과 동기에 관해 한두 문장을 적었습니다. 서론의 첫 문단에서는 이를 자세히 적습니다. 초록에서 과학적·기술적·사회적 돌파구가 필요한 이슈에 대해 적었지요. 서론의 두 번째 문단에서 이것을 다시 명확하게 적습니다. 초록에서 본 연구의 핵심 방법과 결과를 요약하며 연구의 결론과 전망을 적지요. 서론의 마지막 문단에서 연구 방법과 주요 결과, 결론과 의미에 대해 다시 한번 강조하여 언급합니다.

이와 더불어, 서론에서는 문헌을 적절히 인용하면서 다음의 내용을 상세하게 서술합니다. 먼저, 연구 배경과 학문 분야를 정의하고, 현재 과학적·기술적·사회적 이슈를 정리합니다. 이어서 연구가 해결하려는 핵심 문제를 명확하게 정의하고, 연구의 핵심 아이디어와 연구 동기를 명시한 뒤, 연구 결과와 결론 그리고 그 의미를 적습니다.

서론은 대체로 두세 문단 정도로 구성하는데, 반드시 초록·결론과 일관된 내용이어야 합니다. 제목-초록-서론-결론에서 연구의 핵심 결론을 반복해서 강조하는 것이 좋습니다.

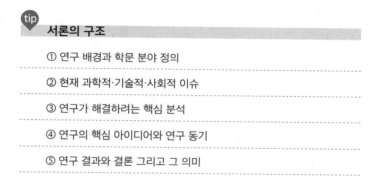

서론의 구조

① 연구 배경과 학문 분야 정의

② 현재 과학적·기술적·사회적 이슈

③ 연구가 해결하려는 핵심 분석

④ 연구의 핵심 아이디어와 연구 동기

⑤ 연구 결과와 결론 그리고 그 의미

2. 참고 문헌

서론에서 선행 연구와 현재 연구의 경계를 확실하게 구분하는 것이 중요합니다. 정확한 구분은 논문 인용을 통해서 드러납니다. 이미 앞서 연구된 내용이라면 관련 논문이나 자료를 인용하면서 소개할 것입니다. 그리고 현재 연구에서 새롭게 밝혀낸 사실이나 원리 등을 명확하게 적을 것입니다. 이를 위해 선행 연구에 대한 치밀한 고찰이 매우 중요한데요, 선행 연구에 대한 문헌 조사는 논문을 작성할 때뿐 아니라 연구 과정에서 계속 진행해야 할 중요한 작업입니다(연구 과정에서 진행하는 문헌 조사는 1장 3단원을 참조).

'참고 문헌References'은 논문을 쓰면서 인용한 논문이나 자료의 목록을 정리한 부분으로, 위치상으로는 논문의 가장 뒤에 배치합니다. 하지만 위와 같은 이유로 서론과 본론의 '논의' 부분에서 문헌 인용을 많이 하므로 여기서 먼저 문헌 정리와 인용 방법을 간단히 살펴보겠습니다.

문헌 인용과 목록 정리

정확한 문헌을 찾아 인용하는 것은 학문의 계보를 제대로 파악하고 새로운 연구의 가치와 의미를 명확하게 표현하기 위해 매우 중요합니다. 핵심 키워드를 활용하여 논문을 찾는 방법은 앞에서(1장 3단원) 설명했습니다. 다음으로 유용한 방법이 핵심 문헌을 인용한 최신 문헌을 추적하여 찾는 것입니다. 그리고 앞으로 내 논문의 심사를 맡을 가능성이 높은 대가의 논문은 반드시 목록에 포함해서 인용하는 것이 좋습니다. 30편 정도의 핵심 문헌 목록을 정리하는 것은 그리 어렵지 않을 것입니다. 참고 문헌 목록은 중요도에 따라 언제든지 교체합니다.

참고 문헌 목록을 정리할 때는 인용 순서를 따릅니다. 문헌을 가장 많이 인용하는 건 서론과 본론의 '논의' 부분을 쓸 때입니다. 논문에 등장하는 차례에 따라 다음과 같은 순서로 문헌을 정리해 두면 좋습니다. 먼저, 서론의 첫 문단에서 연구 배경과 학문 분야를 정리하기 위해서 다음 페이지의 ①~② 문헌이 필요합니다. 현재 과학적·기술적·사회적 이슈를 정리하기 위해서 ②~③ 문헌이 필요합니다. 두 번째 문단에서 연구가 해결하려는 핵심 문제를 명확하게 정의하기 위하여 ③~④ 문헌이 필요합니다. 서론의 세 번째 문단에서 연구의 핵심 아이디어와 연구 동기를 명시하는 데 ④~⑤ 문헌이 유용합니다. 마지막으로, 연구 결과와 결론 그리고 그 의미를 요약하면서 ②~③을 한 번 더 인용하는 것이 좋습니다. 물론, 본론의 논의 부분에서 ③~⑤ 문헌을 다시 활용할 것입니다.

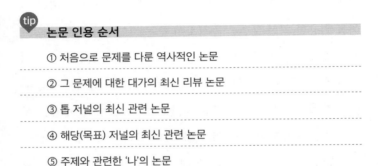

tip

논문 인용 순서

① 처음으로 문제를 다룬 역사적인 논문

② 그 문제에 대한 대가의 최신 리뷰 논문

③ 톱 저널의 최신 관련 논문

④ 해당(목표) 저널의 최신 관련 논문

⑤ 주제와 관련한 '나'의 논문

논문은 참고 문헌 목록만 살펴봐도 어떤 이야기가 전개될 것인지 대충 예상할 수 있습니다. 문헌 목록만 봐도 제대로 관련 학문을 파악하고 있는지 점검할 수 있지요. 문헌 목록을 작성하는 방법은 학술지에 따라 조금씩 다릅니다. 논문과 책, 학회 발표 등의 인용 표기 방법도 조금씩 다릅니다. 학술지에서 문헌 표기 방식을 참조하여 작성해야 합니다. 논문 제출 후에 문헌 표기 방식을 고쳐 달라고 요청하는 학술지도 많습니다. 표기 방식은 조금씩 달라도 대체로 '저자, 제목, 저널, 권(호), 페이지, 출판 연도' 정보가 포함됩니다. TeX 프로그램으로 작성하는 경우에는 학술지에 따른 문헌 표기 방식을 자동으로 수정할 수 있습니다. 엔드노트EndNote 같은 문헌 목록 정리 프로그램도 있지만, 저는 개인적으로 문헌 목록을 일일이 타이핑하는 것을 좋아합니다. 시간이 많이 드는 작업이긴 한데, 목록을 하나씩 적으면서 좀 더 문헌을 잘 기억하고 싶기 때문입니다.

문헌 인용 원칙

앞서 말씀드린 것처럼, 문헌 인용은 논문 쓰기에서 아주 중요한데요, 무엇보다 정확한 인용을 원칙으로 합니다. 이를 위해 선행 연구를 설명하는 문구 바로 뒤에 해당 문헌 번호를 인용하는 것이 좋습니다. 문장이 다 끝난 후에 인용하면 어디까지가 선행 연구인지가 모호해집니다. 특히 선행 논문의 핵심 문장을 그대로 사용하는 경우에는 따옴표("~")로 표기합니다.

표절 오해를 방지하기 위해서는 선행 논문의 표현을 그대로 가져오기보다 문장을 완전히 새로 쓰는 편이 좋습니다. 그래서 논문을 쓸 때에는 백지에서 쓰는 것이 좋다고 말씀드린 것입니다. 학술지 편집진은 논문의 표절을 검사하는 자체적인 프로그램을 보유하고 있는데요, 다른 논문(저자의 이전 논문 포함) 문장과 일치하는 문장을 찾아내 중복성을 검사합니다.

표절 검사 프로그램으로 조사했을 때, 중복성이 보통 15퍼센트 이내이면 괜찮습니다. 원칙적으로 중복성이 적을수록 좋지만, 대개 15퍼센트 이내는 주로 실험 재료나 방법 설명이 이전 논문과 중복되는 경우가 많기 때문에 허용 가능합니다. 실험 재료와 방법은 이전 논문과 지금 논문이 크게 다르지 않기도 하고, 실험에 관해 설명할 때 이전 논문에서 문장의 변화가 거의 없어 앞의 논문과 유사할 수밖에 없습니다. 그 외 서론이나 논의 부분에서 중복되는 문장이 있으면 안 됩니다. 인용을 정확하게 해야 게재 승인을 받을 수 있습니다.

본론과 결론 쓰기

1. 그림 구성

본론 작성에 앞서, 연구 결과를 정리한 '그림Figures'을 다시 한번 확정하는 것이 좋습니다. 과학 논문은 증거를 기반으로 하고 있지요. 데이터를 그림(그림, 표, 수식)으로 어떻게 보여 줄 것인가가 본론 작성의 출발입니다. 이제 논문의 그림 구성을 어떻게 하면 좋은지 알아보겠습니다.

그림의 중요성

그림은 텍스트보다 강력합니다. 1953년 왓슨과 크릭의《네이처》논문[1]에는 DNA 이중나선 구조를 스케치한 그림이 하나 수록되어 있습니다. 두 사람은 이 그림 덕분에 1962년 노벨생리의학상을 수상할 수 있었다고 해도 과언이 아닙니다. 잘 준비된 그림은 글보다 더 강력합니다.

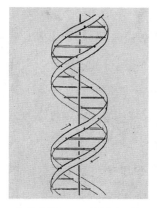

★ 논문에 실린 DNA 이중나선 그림

★ 왓슨과 크릭의 1953년《네이처》논문 첫 장

1   J. D. Watson & F. H. C. Crick, Nature 171, 737-738 (1953).

그림의 스타일

데이터 통계 분석은 데이터의 신뢰성을 구축하고 논문의 영향력을 결정합니다. 통계 분석이 완료된 데이터는 그 의미를 가장 잘 보여 주는 방식의 그림으로 표현됩니다. 학문 분야마다 논문에서 데이터를 보여 주는 스타일은 조금씩 다릅니다. 각 분야의 최신 논문에서 가장 좋은 모델을 발굴하여 그림 구성 방법을 습득하는 것이 좋습니다.

가령, 물리학과 생물학 분야의 논문은 그림 구성 방법이 약간 다릅니다. 물리학 논문은 핵심 데이터가 명확하게 드러나도록 그래프를 간명하게 표현하는 것을 선호한다면, 생물학 분야 논문은 복잡한 생명 현상을 알기 쉽게 설명하는 개념 스케치 그림을 포함하는 경향이 있습니다. 학술 저널에 따라서 그림 스타일이 다양하기 때문에 최신 논문을 보면서 어떻게 그림을 구성하면 좋을지 확인하고 배워야 합니다. 다음 페이지의 그림은 《피지컬 리뷰 레터스》 논문[2]의 그림 예시입니다.

2   B. M. Weon & J. H. Je, Phys. Rev. Lett. 110, 028303 (2013). https://journals.aps.org/prl/abstract/10.1103/PhysRevLett. 110.028303

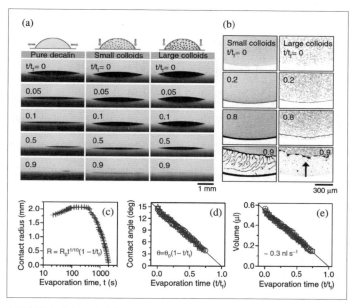

★ 저자의 2013년 PRL 논문 [Fig. 1]

패널 구성

논문에 들어가는 그림은 그림 하나에 여러 패널Panel이 포함되기도 합니다. 톱 저널의 논문에서는 하나의 그림이 논문 하나를 압축한 것과 같아요. 그림 속 패널 구성을 잘하려면 상당한 훈련이 필요합니다. 가능하면 그림 하나에 이야기 하나를 완결하는 것이 좋습니다. 패널 사이에는 유기적인 관계가 있어야 합니다. 그림과 그림 사이에도 유기적 연결이 필요하지요. 이렇게 모든 그림이 모여 하나의 논문을 완성하는 것입니다.

공간 낭비를 최소로 하면서 가장 효과적으로 '보기 좋게' 패널을 구성할 필요가 있습니다. 폰트 종류와 크기, 선의 굵기, 강조를 위한 화살표와 컬러 사용 등 다양한 방법을 활용하면 그림 구성을 더 잘할 수 있습니다. 제가 그림 작업할 때 쓰는 방법은 파워포인트 한 장에 여러 패널로 구성된 그림 하나를 완성하여 한 페이지씩 pdf, gif, tiff 등의 파일로 변환한 후 각각의 그림을 개별 파일로 관리하는 것입니다. 이렇게 그림을 개별 파일로 관리하면 논문 투고할 때 편리합니다.

개별 데이터를 그래프로 나타내지 않고 표로 정리하여 수록할 때도 있습니다. 그림과 표 중에 어느 쪽이 더 효과적인지

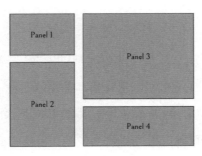

★ 패널 구성 예시

판단한 후, 표를 적재적소에 꼭 활용하세요. 수식은 가장 간단하지만 가장 강력한 '보여 주기Demonstration' 방식입니다.

그림 순서

그림 순서도 중요합니다. '그림 1'에 가장 핵심적인 결론을 보여 주면 좋습니다. '그림 2'에서는 실험 전체를 요약해서 보여 주고, '그림 3'에서는 바탕이 되는 이론을 구축하고, '그림 4'에서는 이론을 증명하는 증거를 제시합니다.

저널마다 그림 라벨Label의 스타일이 있습니다. 저널에 투고할 때는 라벨 형식을 맞춰 주는 것이 좋습니다. 또, 저널마다 선호하는 폰트가 있습니다. 저널의 폰트 스타일을 따르는 것이 좋습니다. 패널의 높이와 길이를 최대한 맞추어 그림을 구성하면 좋습니다. 아주 예민한 편집장이나 심사자는 보기 어렵고 불규칙한 패널을 보면 게재 승인을 미룰 수도 있습니다.

그림 구성이 완료되면 본론을 쓸 준비가 된 것입니다. 즉, 그림이 확정되면 스토리 윤곽이 잡혔다는 의미입니다. 이제 본격적으로 본론을 쓰기 시작합니다.

2. 본론

논문의 본론은 '결과Results'와 '논의Discussion'를 포함한
부분입니다. 본론 작성이 가장 어렵다는 연구자도 있는데,
논문 전체로 볼 때 본론 쓰기는 그리 어려운 과정이 아닙니다.
분량이 많다 보니 부담을 느낄 수는 있지만, 본론은 그림
순서를 따라 '사실을 있는 그대로' 서술하면 됩니다.

그림 순서를 따라 결과 작성

하나의 그림은 하나의 이야기를 품고 있습니다. 그림을 잘 준비했다면 이제 그 이야기를 순서대로 풀어 설명하면 됩니다.

짧은 연구 논문의 경우, 먼저 '그림 1'과 함께 연구 개요를 잡아 줍니다. '그림 1'은 가장 중요한 연구 방법과 핵심 결과를 담고 있습니다. '그림 1'은 논문의 첫인상을 결정하기 때문에 가장 심혈을 기울여 준비해야 합니다. 그다음, '그림 2'에서는 좀 더 상세한 연구 방법과 주요 결과를 보여 주고, '그림 3'에서는 핵심 원리나 메커니즘을 보여 주는 결과를 정리하며, '그림 4'에서는 메커니즘을 입증하는 결과를 서술합니다. 나머지 그림에서는 연구의 의미를 강조하거나 앞으로의 전망을 암시하는 결과들을 보여 줍니다.

그림의 개수와 순서는 학술지에서 허용하는 개수와 연구 결과의 분량에 따라 달라집니다. 핵심 결과가 아니면 본론에 수록하지 말고 따로 정리하여 온라인으로 제공하는 '보충 자료'에 수록합니다.

그림 순서와 결과 전개 순서

① 그림 1: 연구의 개요(연구 방법과 핵심 결과)

② 그림 2: 연구의 상세 방법과 주요 결과

③ 그림 3: 핵심 원리나 메커니즘을 보여 주는 결과

④ 그림 4: 메커니즘을 입증하는 결과

⑤ 그림 5: 전망을 보여 주는 추가 결과

결과 작성 원칙

본론의 '결과'를 적는 원칙은 '사실 그대로 적는다'입니다. 다만, 그림 순서를 따라 설명을 이어갈 때는 그 결과가 중요한 이유를 먼저 설명하는 것이 좋습니다. 결과를 설명하는 문단은 두괄식 전개가 좋은데요, 문단의 가장 첫 문장에 결과를 설명하고 그 의미를 적습니다. 이어서 그림 또는 결과가 얻어진 방법을 간단히 적기도 합니다. 그리고 그 결과와 연관된 증거로서 그림을 연결합니다(문장 사이에 그림 번호를 표시합니다). 그림의 개별 번호를 직접 본문에 명시하는 것이 좋습니다. 예를 들어, 독자가 글의 흐름을 따라 관련 그림에 주목할 수 있도록 '그림 1A에 따르면' 또는 '그림 1A를 보면'이라고 명확하게 써 주는 것이 좋습니다. 문장을 짧게 쓰는 것을 선호하면 '(그림 1A)'와 같이 괄호를 사용해 그림 번호를 삽입하세요. 하나의 결과를 서술하는 문단의 마지막에는 강조하는 뜻에서 짧게 결과의 의미를 다시 한 번 설명합니다.

앞의 결과와 다음 결과를 이어갈 때(다음 문단을 시작할 때) '그리고' 같은 접속사로 시작하는 경우가 많은데요, 그렇게 할 필요는 없습니다. 다음 결과의 중요성 또는 목적을 먼저 간단히 설명하고, 그림 자체에 대한 설명으로 바로 들어가면 됩니다. 이어서 실험 방법과 그 의미를 적으면 됩니다. 그림 하나에 하나의 문단이 무난하지만, 중요한 그림은 그림 하나와 서너 문단으로 구성하기도 합니다. 하지만 대체로 결과를 서술할 때는 문단 하나에 결과 하나를 설명하는 것이 좋습니다.

결과와 논의 연결

본론에는 결과와 함께 반드시 내 연구의 결과가 어떤 의미가 있는지, 학문의 계보에서 어떤 위치에 있는지를 '논의'해야 합니다. 긴 논문에서는 그림 순서에 따라 결과를 먼저 정리한 후에 논의 부분을 따로 여러 문단으로 구성하는 것이 일반적입니다.

짧은 논문에서는 결과 문단의 뒷부분에 논의를 포함하기도 합니다.

논의에서는 내 연구의 결과와 다른 연구자들의 결과를 비교 분석합니다. 이때 적절히 관련 논문을 인용해야 합니다. 결과 비교는 정량적 비교를 먼저 하고 정성적 비교를 나중에 합니다. "우리의 결과는 A 결과를 보여 주고 있지만, OO의 결과는 B 결과를 보여 주고 있으며, 이 상반된(또는 유사한) 결과는 C 때문으로 추정된다" 정도의 표현이면 됩니다. 비교는 같은 것이든 다른 것이든 모두 의미가 있습니다. 논의는 본인의 결과가 다른 연구자들의 결과와 어떤 연관이 있는지 밝히는 부분이므로, 동일한 결과이든 전혀 다른 결과이든 그 원인을 분석하고 해석하면 됩니다. 만약 새로운 실험 결과를 설명하기 위해 새로운 이론을 도입할 필요가 있다면 이 또한 '결과'에서 다루는 것이 좋습니다. 논의의 마지막 부분에서는 다른 연구와의 비교 의미를 짧게 언급합니다.

결과와 논의를 적을 때는 '사실 그대로' 적는 것이 좋으며 지나친 형용사나 부사는 사용을 자제하는 것이 좋습니다. 결과가 '최초, 최고, 최상'이라고 표현하지 않아도 이미 데이터가 그렇게 나와 있으니 너무 강조하지 않아도 됩니다. 사실, 논문은 주장하는 글이지만, 결과가 명확하면 주장하지 않아도 결과가 스스로 빛납니다. 논문은 결과를 사실 그대로 적고 논의하며, 하나의 결론에 도달하는 과정을 차분히 서술하는 것으로 충분합니다. 최대한 정직하게, 본인 연구의 장점과 함께 단점을 서술하는 것도 좋습니다. 필요하다면 논의의 마지막에서 이 연구에서 부족한 부분은 후속 연구가 필요하다는 점을 밝혀 둡니다.

3. 결론

'결론Conclusion'은 논문을 마무리하는 글입니다. 전체 연구에서 얻은 가장 핵심적인 학문의 성과를 정리하여 명시하는 부분입니다. 따라서 하나의 결론이 명확하게 드러나도록 작성합니다. 결론에 적힌 내용은 논문의 제목과 초록, 본문 전체에 일관되게 강조되어 있어야 합니다. 하나의 논문은 하나의 결론을 강조합니다.

결과와 결론의 차이

결과와 결론은 다릅니다. '결과'는 연구에서 얻은 주요 데이터를 의미합니다. 실험을 했으면 데이터가 얻어지지요. 이것을 적절히 통계 분석하여 그림이나 표로 정리한 것이 결과입니다. 이론의 결과는 수식으로 정리됩니다. 본론에서는 그림 순서에 따라 실험 결과들을 차례로 서술했습니다. 그림 하나가 결과 하나이고, 결과 하나에 문단 하나를 적는 방법으로 결과 부분을 작성했지요. 이제 그 결과들을 모아 하나의 결론을 도출하면 됩니다. 마치 재판에서, 모든 '증거(결과)'가 모여 하나의 '진실(결론)'에 도달하는 것과 같습니다. 이렇듯, '결론'은 연구의 최종 종착점입니다. 연구의 모든 활동은 그러한 결론에 도달하기 위해 구성된 것입니다.

한 편의 논문은 여러 결과들을 보여 주고 마지막에 "그래서, 얻은 결론이 뭐야?"에 대한 답을 주어야 합니다. 따라서 논문의 제목과 초록, 서론과 본론은 하나의 동일한 결론을 향해 정렬되어 있습니다.

결론은 대체로 논문의 본문 가장 마지막에 위치합니다. 학술지에 따라서는(특히, 《네이처》 계열의 논문에서는) 결론 부분을 따로 두지 않고 '논의'의 일부로 두는 경우도 있습니다. 학문의 연속성을 고려할 때 지금 연구의 결론도 학문이 완성되는 과정의 일부라 보는 것이 타당할 것입니다.

결론 작성 방법

대부분 짧은 논문의 결론은 '하나'입니다. 그 이상일 필요가 없습니다. 좋은 모델 논문의 결론을 읽어 보면 잘 쓴 결론이 어떤 것인지 감이 오지요. 사실, 결론을 잘 쓰려면 많은 훈련이 필요합니다. 처음에는 초록을 그대로 가져와서 조금씩 다듬으면서 초록과 다르게 수정해 가며 작성하는 것이 좋습니다. 초록에서는 결론이 뒤에 나오지만 '결론' 부분에서는 곧바로 결론부터 씁니다. 즉, 초록은 결론을 얻기까지의 목적과 과정을 설명한 후 결론을 요약한다면, '결론'에서는 결론 내용을 먼저 서술하고 그 결론을 얻게 된 주요 과정과 결과를 설명하면 됩니다.

　결론에서는 이전 연구의 한계를 명시하며 현재 연구의 최종 성과를 확정합니다. 결론의 마지막 부분에는 앞으로의 연구 전망을 서술합니다. 연구가 앞으로 어떤 방향으로 발전하면 좋을지, 어떤 분야에 적용될 수 있는지, 향후 연구에서 주의할 점은 무엇인지 적어 주면 후속 연구자들에게 큰 도움이 될 수 있습니다.

연구 방법 작성

연구 방법은 학술지 형식에 따라 본론의 가장 앞에 적기도 하고 마지막에 따로 정리해 적기도 합니다. 연구 방법에는 실험 방법과 이론 방법이 있습니다. 실험 방법은 사용한 재료와 공정 그리고 분석 방법을 정리해 적습니다. 이론 방법은 이론의 기본 원리와 가정을 서술하고 중요한 수식이 유도되는 과정을 순차적으로 작성하면 됩니다.

연구 방법을 적는 원칙은 간단한데요, 두 가지 원칙이 있습니다. 먼저, '사실 그대로' 적는 것입니다. 다만 연구가 이미 과거에 수행된 것이기 때문에, 연구 방법을 설명할 때는 과거 시제로 작성하는 것이 좋습니다. 다음으로, 연구 방법을 가능하면 '상세히' 작성하는 것입니다. 다른 연구자들이 보고 연구를 재현할 수 있어야 합니다. 문장이 조금 지루하거나 딱딱해도 괜찮습니다. 연구 방법은 과거 시제로, 사실 그대로, 상세하게 적으면 됩니다. 다음은 제가 공동 제1 저자와 공동 책임 저자로 참여한 《네이처 커뮤니케이션스Nature Communications》 논문[3]의 연구 방법 부분입니다.

Methods

Materials. We tested typical low-viscosity liquids: pure water (Millipore), ethanol (Merck, ≥99%), dodecane (Sigma-Aldrich, ReagentPlus, ≥99%), tridecane (Sigma-Aldrich, ≥99%) and decalin (Sigma-Aldrich, mixture of cis and trans, anhydrous, ≥99%). Their properties were obtained from the literature[35-43] and used to estimate the minimum bubble radius for jet formation, $R^*=\mu^2/[\rho\sigma(\text{Oh}^*)^2]$, based on $\text{Oh}^*=0.052$ (Table 1). Platinum and glass were used as flat solid substrates.

X-ray imaging. The high spatial and temporal resolutions required for the observation of bubble bursting were achieved by an intense white (full energy spectrum) X-ray beam with a peak irradiance of $\sim10^{14}$ ph s^{-1} mm^{-2} per 0.1% b.w. delivered by the XOR 32-ID undulator beamline of the Advanced Photon Source of the Argonne National Laboratory[23]. Using this specific synchrotron beamline, we were able to achieve direct visualization of ultrafast bursting dynamics on the μs timescale. In particular, we took images with a 472 ns exposure time and interframe time (a multiple of the storage ring period of ~3.68 μs) using an ultrafast camera (Photron Fastcam SA 1.1). The camera was synchronized and gated to the X-ray pulses. Any possible X-ray-induced changes in the liquid properties are negligible in these very short irradiation times[26,27]. A laser beam was used to sense the falling drop (2 μl) from a constant height of 35 mm and to trigger the camera to take images[23].

Phase diagram. To obtain the phase diagram using ultrafast optical microscopy in drop-impact experiments, the bubble size was controlled by changing the falling height and/or the drop size. The spatial resolutions of the two imaging methods were sufficient to identify the absence of jetting because the aerosol sizes, which are 15% of the mother bubble sizes[3], are larger than 1 μm except for water at the critical bubble sizes.

★ 연구 방법 작성 예시. 저자가 공동 제1 저자로 참여한 2011년 《네이처 커뮤니케이션스》 논문 중에서

3　J. S. Lee, B. M. Weon, et al., Nat. Commun. 2, 367 (2011).
　　https://www.nature.com/articles/ncomms1369

논문 투고

1. 논문 투고 준비

본문 작성을 마치면 논문 쓰기의 95퍼센트가 끝났다고 할 수 있습니다. 이제부터 5퍼센트를 채워 논문을 마무리하고 논문 투고를 준비합니다. 먼저, '저자 기여도Author Contributions'를 작성하고, '연구 사사Acknowledgements'와 '보충 자료Supplementary Information' 등 추가로 들어가야 할 내용을 빠짐없이 작성합니다. 논문의 본문에 수록되지는 않지만 보충 자료는 최신 논문의 추세입니다. 온라인 논문 투고가 수월하게 진행되려면 본문과 추가 작성해야 할 부분의 준비가 완벽해야 합니다.

저자 기여도 작성

학술 저널에 논문을 투고할 때는 저자가 논문 작성에 어떤 기여를 했는지 정확하게 설명해야 합니다. 단독 저자일 경우에는 해당 사항이 없지만 공동 저자일 경우에는 저자들 각각이 어떤 역할을 했는지 명시해야 합니다. 가령, 논문의 첫 아이디어를 착안한 사람이 누구인지, 실험은 누가 진행했는지, 분석은 누가 진행했는지, 논문 초안은 누가 작성했는지, 연구를 총괄한 연구책임자는 누구인지 등 세부적인 역할을 적어야 합니다. 또한 논문 작성 과정에 모두가 참여했는지, 최종본에 모두들 동의하는지 분명히 밝혀야 합니다.

각 저자의 역할과 기여를 명시하면 누가 '주 저자(제1 저자와 교신 저자)'이고 누가 '공동 저자'인지 명확하게 구분할 수 있습니다.[1] 학부생이나 인턴 연구원이 연구에 참여했다면 공동 저자에 포함하는 것을 권고하는 《네이처》 사설이 있었습니다. 연구와 논문에 참여한 사실이 분명하다면 누구라도 저자 목록에서 누락되는 일은 되도록 없어야 합니다. 하지만, 저자의 기여도

---

1   주 저자는 연구 기여도를 100% 인정받으며, 공동 저자는 대개 총 저자의 수로 나눈 만큼의 기여도를 인정받습니다.

결정은 전적으로 주 저자의 몫입니다. 주 저자의 의견과 다르게 기여도를 배분하는 것은 학계의 일반적인 방식이 아닙니다.

연구 사사 작성

연구를 지원한 기관과 연구비 지원 과제 번호를 명시하고, 연구 과정에서 도움을 준 사람들에게 감사의 글을 남길 필요가 있습니다. 연구비를 지원한 기관은 '사사'에 기록한 과제 번호를 바탕으로 연구 성과를 평가하기도 합니다. 저자는 연구 활동에 직접적인 지원을 한 모든 곳을 밝혀야 하고, 간접적으로 도움을 주었던 곳도 언급하는 것이 좋습니다. 연구 과제에 따라서는 단독 사사를 적어야 하는 경우도 있으니 연구비를 지원한 기관의 규정을 확인해야 합니다. 연구의 진행과 완료에 도움을 준 개인에 대한 감사의 내용도 포함할 수 있습니다. 가령, 투고 전에 논문 초고를 읽고 검토 의견을 주었던 전문가에게 감사의 뜻을 표할 수 있습니다. 공공 데이터를 제공한 기관에 대해 공식적인 감사의 글을 남기는 것도 좋습니다. 연구 사사는 짧지만 품위 있게 작성합니다.

보충 자료 작성

본문 작성이 완료되면 '보충 자료'를 작성합니다. 최근 학술지들은 상세한 연구 방법과 보충 실험 자료에 대해 보충 자료를 제출할 것을 요구합니다. 온라인에 공개되는 동영상이나 추가 실험 방법, 추가 실험 데이터, 추가 이론 분석 등의 보충 자료는 최근 논문의 중요한 추세입니다. 때론 별도의 논문 형식을 갖추기도 하고 추가 참조 문헌을 포함하기도 하는 등 웬만한 논문 못지않습니다. 최근의 경향이나 목표로 하는 학술 저널의 최신 논문을 살펴보고 보충 자료 제출 형식과 방법을 참조해 작성하는 것이 좋습니다. 옆의 그림은 《네이처 커뮤니케이션스》에 게재된 논문[2]의 보충 자료입니다.

Supplementary information

Supplementary Movie 1
Optical imaging of jetting in ethanol (MOV 1801 kb)

Supplementary Movie 2
Optical imaging without jetting in ethanol (MOV 1735 kb)

Supplementary Movie 3
Optical imaging of jetting in decalin (MOV 4183 kb)

Supplementary Movie 4
Optical imaging without jetting in decalin (MOV 4637 kb)

Supplementary Movie 5
X-ray imaging of jetting in water (MOV 10114 kb)

Supplementary Movie 6
X-ray imaging without jetting in ethanol (MOV 2734 kb)

★ 보충 자료 작성 예시. 저자가 공동 제1 저자로 참여한 2011년 《네이처 커뮤니케이션스》 논문 중에서

2   J. S. Lee, B. M. Weon, et al., Nat. Commun. 2, 367 (2011).
     https://www.nature.com/articles/ncomms1369

2. 온라인 투고 방법

논문 원고를 완성했으면 원고를 한 번 더 점검하고 저널에
투고합니다. 논문 원고를 투고할 때 시행착오를 줄이려면
목표 저널 선정을 잘해야 합니다. 그리고 목표 저널의 안내
사항을 꼼꼼히 살펴서 '커버 레터Cover Letter'를 준비하고
공동 저자의 소속과 연락처, 논문 심사자로 적합한 연구자의
정보를 준비해서 투고하면 됩니다. 우편으로 보내는 전통적인
투고 방식은 이제 거의 사라졌고 지금은 대부분 온라인으로
투고합니다. 목표 저널을 정하고, 커버 레터를 준비하여,
온라인으로 투고하는 방법을 하나씩 설명드리겠습니다.

목표 저널 확정

원고 준비가 끝났으면 투고할 목표 저널을 확정해야 합니다. 자신의 논문 수준을 정확히 평가할 수 있다면 목표하는 저널이 타당하고 적절한 저널인지 정확하게 판단할 수 있습니다. 처음에는 목표 저널보다 한 단계 높은 저널을 시도해 보는 것을 추천합니다. 너무 큰 기대는 하지 말고, 상위 저널에서 심사에 들어가기만 해도 좋겠다는 마음으로 도전해 봅니다. 논문 투고 과정에서 일어나는 사소한 실수나 결핍이 목표 저널에서 일어나는 것을 원하지 않겠지요. 그렇다면 연습한다는 기분으로 상위 저널을 먼저 시도해 보는 것이 좋습니다. 물론 모든 투고 과정은 처음부터 완벽을 기해야 합니다.

최고 학술지에 실릴 만한 연구 결과이면 순차적으로 상위 저널을 시도해 보는 것이 나쁘지 않은데, 논문 거절의 시간과 심리적 부담은 각오해야 합니다. 적절한 저널에 신속하게 출판되길 원한다면 과감하게 수준에 맞는 저널에 투고하여 성공 가능성을 높이는 편이 좋습니다. 목표로 하는 저널이 참고 문헌으로 자주 인용되면 아무래도 보기 좋겠지요. 지도 교수나 동료 연구자들과 상의하여 가장 적합한 저널을 선정하는 것이 무엇보다 중요합니다.

온라인 투고 준비

이제 온라인 투고 과정을 알아보겠습니다. 대부분의 학술지는 투고 과정의 관리 효율을 위해 온라인 투고를 선호합니다. 온라인 투고 방법에 대해서는 학술지 홈페이지에 자세히 안내되어 있으니 투고 전에 반드시 필요한 정보를 확인하고 숙지해야 합니다.

투고 규정이 엄격한 학술지도 있습니다. 원고 형식을 수정하거나 투고 과정에서 누락된 서류를 다시 보내기 위해 시간을 허비하는 상황은 미연에 방지하세요. 모든 원고와 그림 파일, 커버 레터, 추천 심사자 명단 등이 준비되어 있어도 온라인 투고 과정은 시간이 꽤 걸립니다. 온라인 논문 투고 간소화 시스템을 도입하는 학술지가 늘어나고 있지만 보내야 할 서류와 정보가 많습니다. 미리 꼼꼼하게 준비하는 것이 좋습니다. 공동 저자의 소속과 연락처도 미리 알아 두어야 합니다. 편집장이 공동 저자들에게 모두 이메일을 보내 논문 투고 사실을 알리고 동의 여부를 확인하는 경우도 있습니다. 공동 저자가 참여하지 않은 논문에 허위로 수록돼 있으면 논문은 외부 심사를 보내지 않고 저자들에게 돌려보내집니다. 편집장에게 좋은 첫인상을 남기려면 처음부터 온라인 투고 준비를 철저하게 해야 합니다.

커버 레터 작성

논문을 투고할 때는 '커버 레터'를 작성해서 보냅니다. 커버 레터는 전통적인 논문 투고 과정에서 공식 초대장 역할을 합니다. 최근의 온라인 투고에서는 커버 레터가 편집장에게 논문의 장점을 어필하는 중요한 장치로 활용되곤 합니다.

커버 레터는 공식적인 편지이니 최대한 예의를 갖추어 작성합니다. 간단한 인사말로 시작하여 논문의 제목과 저자를 밝히고 논문의 핵심 내용을 요약한 문단을 적습니다. 아울러 논문의 주요 내용을 정확하고 확신 있게 강조하는 문단을 하나 더 준비하면 좋습니다. 논문 주제와 관련된 상위 저널의 최신 논문을 몇 편 언급하면 논문의 시의성과 적합성을 어필할 수 있습니다. 현재 논문이 중요한 연구 결과를 담고 있으며 관련 학계에 중요한 기여를 하고 있다는 느낌을 편집장에게 전달하는 것이 중요합니다.

학술지에 따라서는 커버 레터의 내용과 형식을 규정하기도 합니다. 반드시 투고 전에 커버 레터에 수록되어야 할 내용과 주요 형식을 학술지 홈페이지에서 확인해야 합니다. 가령, 논문 내용을 요약하고 저널 적합성을 설명하거나, 연구의 차별성과 신규성을 설명하거나, 교신 저자 연락처를 상세히 적거나, 심사에 적합한 심사자 목록을 제출하라는 등 요구 사항이 많습니다. 커버 레터 역시 좋은 모델을 확보하여 연습하는 것이 좋습니다. 가볍게 여기기 쉽지만, 잘 작성된 커버 레터는 투고 과정에서 예상보다 훨씬 중요한 기여를 합니다.

커버 레터 작성에서 유의할 점들

① 정중하게 작성할 것(격식을 반드시 갖출 것)
- -
② 논문의 중요한 내용을 요약할 것(초록과 다른 요약)
- -
③ 논문이 이 저널과 잘 맞는다는 사실을 강조할 것
- -
④ 논문 심사자로 적합한 후보 명단을 제공할 것
- -
⑤ 교신 저자의 정확한 연락처를 제공할 것
- -

학술지 편집위원으로 봉사할 때의 제 경험을 떠올려 봐도, 격식과 정보를 담고 있는 '레터'를 제공하는 저자들의 논문은 더 신뢰가 가고, 그러다 보니 더 많은 노력을 기울여 '정당한 심사'를 받을 수 있도록 도움을 줍니다. 잘 쓴 커버 레터는 좋은 심사를 받는 출발점이라고 할 수 있습니다.

다음은 제가 《피지컬 리뷰 레터스》에 논문[3]을 투고하면서 보낸 커버 레터입니다. 이것을 참조하여 응용해 보세요.

Dear Editor:

We are pleased to submit a new manuscript, entitled "Self-pinning by colloids confined at a contact line" by Byung Mook Weon and Jung Ho Je, for publication as a Letter in Physical Review Letters.

When a pure fluid drop is gently placed onto a clean flat solid surface, it tends to completely wet, showing a classical spreading dynamics (Reviews of Modern Physics 57, 827, 1985; Reviews of Modern Physics 81, 739, 2009). Interestingly, if a little amount of solid solutes (typically, colloidal particles) is suspended into the fluid, then the particles usually inhibit spreading of the fluid and induce pinning of the contact line. This process is known as "self-pinning" and is important in droplet evaporation dynamics. However, despite importance of self-pinning, why self-pinning is initially induced by solutes is less understood so far (Soft Matter 7, 10135, 2011).

---

3   B. M. Weon & J. H. Je, Phys. Rev. Lett. 110, 028303 (2013).

In this Letter, we propose a predictive self-pinning mechanism based on spreading inhibition by colloids confined at the contact line, from comparative studies of pure and colloidal fluids with optical and confocal imaging methods. We confirm that spreading and drying behaviors of colloidal fluids (with colloids) are completely different from those of pure fluids (without colloids) by solute confinement. As a critical condition to initiate self-pinning, our mechanism suggests the existence of a critical linear packing fraction of colloids at the contact line. This condition is verified by direct tracking of individual colloids with confocal imaging. This mechanism would be very useful in soft-matter physics, interfacial and colloid chemistry, nanoparticle-based fabrication, and nanofluids.

Thank you very much for consideration.

Sincerely,

Byung Mook Weon (PhD)

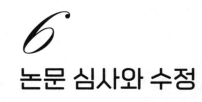

6

논문 심사와 수정

1. 논문 심사

논문을 성공적으로 투고했다면 이제 '논문 심사'라는
마지막 관문을 통과해야 합니다. 논문이 게재 승인되기 전,
심사의 문턱을 넘지 못하고 심사 과정에서 실패하는 경우가
상당히 많습니다. 과학자의 논문 쓰기는 좌절과 희망의
연속입니다. 게재 승인을 받기까지 투고→심사→수정→
재투고→재심사→재수정→ … →게재의 과정을 반복합니다.
이제 어떤 심사 과정이 기다리고 있고, 어떻게 그 과정을
통과할 수 있는지 알아보겠습니다.

논문 심사 과정

논문 심사는 학술지 편집장의 편집 심사와 편집장이 선임한 심사자의 동료 심사로 진행됩니다.

논문 심사의 첫 번째 문턱은 '편집 심사Editorial Review'로, 저널의 편집장이 진행합니다. 담당 편집장이 투고된 논문을 외부로 심사 보낼 것인지 그 여부를 판단하지요. 편집장은 논문이 잘 작성되었는지, 관련 자료가 빠짐없이 잘 준비되었는지, 커버레터는 정성스레 쓰였는지 살펴보고, 해당 논문이 저널에 적합할 것인지를 판단하여 (출판을 목적으로) 외부 심사자들에게 논문 심사를 보냅니다.

다음 문턱은 바로 이 외부 심사자들의 '동료 심사Peer Review'입니다. 외부 심사자들은 보통 해당 분야의 박사 학위가 있고 최근 관련 논문 출판 경력이 있는 전문가들로 구성됩니다. 이들은 해당 학계의 전문가로서 논문 출판의 정당성과 수정 사항을 점검하며 논문 게재 승인 여부에 대한 의견을 냅니다. 이러한 외부 심사자들의 의견을 참조하여 편집장은 '게재 승인', '거절' 또는 '수정 권고'를 결정하는데, 이 과정은 시간이 많이 소요됩니다.

편집장의 역할

편집장은 논문 심사의 전 과정을 관리합니다. 처음 투고된 논문의 수준과 저널 적합성을 검토하여 외부 심사를 보낼 것인지 판단하는 편집 심사를 진행하지요. 편집 심사를 통과한 논문의 동료 심사를 진행할 외부 심사자들을 구성하고 심사를 의뢰하는 것도 편집장의 일입니다. 외부 심사자는 해당 학문 분야의 전문가이면서 저자와 특별한 이해관계가 없어야 합니다. 편집장은 저자의 출판 이력과 기존 데이터를 참고하여(학술지마다 별도의 저자 데이터 관리 프로그램 운영) 외부 심사자를 선정합니다. 심사자들이 심사 요청을 승인하고 심사에 착수하면 심사가 조속히 완료되도록 관리하는 역할도 합니다.

성공적으로 심사가 마무리되면 편집장은 모든 심사자의 심사 의견을 모아 게재 승인과 거절 또는 수정 권고를 결정합니다. 학술지마다 최종 심사 결정의 기준이 있습니다. 심사자들의 심사 결과가 상충되면 추가 심사자에게 심사를 의뢰하기도 합니다. 저자와 특정 심사자 사이에 의견 절충이 되지 않으면 편집장이 중립적인 입장에서 최종 게재 승인 여부를 결정하기도 합니다. 편집장은 모든 논문의 심사와 게재 승인 과정을 관리하고 심사가 원활하게 진행되도록 감독할 책임이 있습니다.

심사자의 역할

심사자는 편집장의 의뢰를 받아 동료 심사를 진행합니다. 동료 심사는 말 그대로 학문의 동료로서 저자의 논문을 평가하는 일입니다. 따라서 동료 평가는 수평적 관계의 평가입니다. 논문이 적절하게 작성되었고 출판의 가치가 있는지, 논문의 정당성·정확성·적합성을 학자적 양심과 지식을 기반으로 평가합니다. 원칙적으로 동료 평가에는 이해관계가 전혀 없어야 합니다(물론 현실에서는 그렇지 않은 경우도 많습니다).

심사자는 편집장이 의뢰한 기간 내에 성실하게 논문을 심사할 의무가 있습니다. 대부분의 논문 심사는 무료로 진행되는데 학문의 발전을 위한 공동의 봉사 개념이 반영된 것입니다. 간혹 학술지에서 적절한 보상을 하는 경우도 있지만, 톱 저널의 심사자로 참여하는 일은 그 자체가 학자로서 명예로운 일이기도 합니다(이력서에 논문 심사 목록을 적는 경우도 있습니다). 동료 심사는 공정성을 위해 심사자의 익명성을 보장하는 것이 일반적입니다. 공정성을 높이기 위해서 저자의 이름과 소속을 감추는 경우도 있습니다. 심사자는 자신의 심사 의견을 적어 편집장에게 보내면서 게재 승인, 거절, 수정 권고를 합니다. 심사자의 의견을 참조하여 저자가 논문을 수정하면 수정된 사항에 대해 추가 심사를 하기도 하지요. 동료 심사를 통과한 논문의 최종 게재 여부는 전적으로 편집장이 판단합니다.

심사 결과 통보

편집장은 심사자들의 의견을 반영하여 최종 심사 의견을 종합해 저자에게 심사 결과를 보냅니다. 저자는 투고한 원고에 대해 '게재 승인Acceptance', '수정Revision', '거절Rejection' 중 하나의 심사 결과를 통보받습니다. 게재 승인을 받은 논문은 출판 과정으로 진입하며, 수정 권고를 받은 논문은 일정 기간 내에 수정된 논문 원고를 보내야 합니다. 거절 의견을 받은 논문은 다른 학술지에 투고하거나, 거절 결과가 부당하다고 판단되면 편집장에게 불복 의견을 보내기도 합니다. 거절된 논문에 대해 심사 불복 의견을 보낼 때는 최대한 정중하게 논리적으로 설명해야 합니다. 편집장은 저자의 모든 반응을 기록하고 관리합니다.

2. 논문 수정

수정 권고를 받은 논문은 편집장이 정해 준 기간 내에 논문을
수정해서 재투고합니다. '논문 수정'의 순서는 본문 원고를
먼저 수정하고 다음으로 보충 자료를 수정하며 마지막에
심사자들의 의견에 대한 레터를 작성합니다. 수정할 내용이
많지 않으면 미세 수정Minor Revision으로 신속하게 수정을
진행합니다. 수정할 내용이 아주 많다고 판단되면
전면 수정Major Revision을 합니다. 너무 조급하게 대응하지 말고
적절한 시간 동안 신중하게 수정을 진행합니다.
추가 실험을 요청하거나 중요한 결론의 수정이 불가피한
경우도 많습니다. 편집장과 심사자들의 의견을 최대한
존중하여 원고와 보충 자료를 수정해야 합니다.

심사자 대응 방법

논문 수정의 과정은 원칙적으로 저자와 심사자 사이의 의견을 절충하는 과정입니다. 단순한 제안이면 그대로 따르면 됩니다. 저자의 의견이 심사자의 의견과 상충하면 양쪽 의견을 조화시키는 조정Reconciliation 과정이 필요합니다. 논문 수정 과정에서의 의견 조정은 매우 정중하고 신중하게 이루어져야 합니다.

수정 원고를 다시 보낼 때에는 논문 수정의 결과를 요약하여 심사자 대응 레터Response Letter to Reviewer를 작성합니다. 먼저, 편집장에게 논문 수정의 결론을 요약하고, 심사자 의견은 항목별로 번호를 붙여(예를 들어 첫 번째 심사자의 의견은 A1, A2, A3…, 두 번째 심사자의 의견은 B1, B2, B3…처럼 번호를 붙여) 세세하게 설명합니다. 이때 각 항목마다 저자의 답변과 원고의 수정 위치를 표시하여 명시합니다. 그리고 재심사나 게재 승인을 정중하게 요청Respectfully Request하면 됩니다. 심사자의 긍정적인 의견에 과도한 사의를 표하지 않는 것이 좋으며 부정적인 의견에 대해서도 과도하게 반응하지 않는 것이 좋습니다. 모든 의견은 간결하게 필요한 대응만 하면 됩니다.

심사자의 의견에 대응할 때는 감정에 매몰되지 말고 최대한 객관적인 자세로 정중하고 성실하게 임해야 합니다. 다만, 심사자의 의견이 부당하다고 판단되면 최대한 예의를 갖춰 적극적으로 대응하는 것이 좋습니다. 심사자의 의견에 반대하는 이유를 명확한 근거와 함께 논리적으로 설명하고 설득합니다. 심사자가 계속 부당한 의견을 제시하면 편집장에게 정중하게 심사자를 교체해 줄 것을 요청할 수 있습니다. 단, 심사자 교체 요청은 반드시 정당한 근거가 있어야 합니다.

교정본 검토 방법

출판할 논문을 결정하고 나면, 학술지나 출판사는 교정본Proof을 준비합니다. 원고의 텍스트와 그림을 논문 표준 형식에 맞춰 교정본을 만듭니다. 출판사의 교정본은 완벽한 완성본이 아닙니다. 오자나 오류가 남아 있을 수 있기에 반드시 저자에게 교정본을 보내서 검토를 받습니다. 교정본은 출판 직전의 상태로, 거의 99.99퍼센트 완성도를 가집니다. 저자는 보통 2~3일의 정해진 시간 동안 교정본을 검토합니다. 교정본에 수정 사항이 적을 경우 온라인 시스템이나 이메일에 짧게 답변을 하기도 하고, 수정 사항이 많으면 원고에 직접 수정하여 수정 원고 파일을 보내거나 길게 수정 사항을 보내기도 합니다.

　　교정본에서는 사소한 오타와 편집 오류를 주로 점검합니다. 항상 완벽하지 않기 때문에 주 저자는 공동 저자들과 함께 교정본을 꼼꼼하게 확인해야 합니다. 그림 수정이 필요하면 새로운 그림 파일을 보내기도 합니다. 출판사에서 검토를 요청한 사항에도 꼼꼼하게 답변을 해야 합니다. 출판사는 출판 일정이 있기 때문에 저자로부터 답변이 없으면 오타와 오류가 있는 상태 그대로 출판을 할 수 있으니 매우 신중하게 교정본 검토를 해야 합니다. 출판 과정의 오타와 오류는 전적으로 저자의 책임이라는 사실을 전제로 책임감 있게 교정본을 검토해야 합니다. 교정본 검토 과정에서 저자를 추가하는 것은 어렵지만 누락된 연구 사사 추가는 가능합니다. 예외적으로 일부 내용이 수정되기도 하는데, 사소한 것이라 판단하면 편집장이 저자의 요청을 받아들여 수정에 반영합니다. 최종 인쇄본에 저자의 수정 요청이 반영되는 것은 전적으로 출판 편집장의 결정에 따릅니다.

3. 출판과 홍보

연구 논문의 출판이 결정되면 저자나 연구비를 지원한 기관은
우수 논문 성과를 대중에게 홍보할 수 있습니다.
보도 자료를 언론 기관에 보내기도 하고 연구 성과를 연구
기관 홈페이지에 올리기도 합니다. 우수한 연구 성과는
학회나 기관에서 초청 발표를 통해 전문가와 대중에게 홍보할
수도 있습니다. 홍보의 원칙은 연구 성과를 과장하지 않고
최대한 '정직하게' 알리는 것입니다. 연구의 과정과 핵심
내용을 '있는 그대로' 알기 쉽게 소개하고, 연구의 의미를
관련 전문가의 의견을 반영하여 알리면 됩니다. 홍보 자료를
준비할 때 일반적으로 학술지나 연구소의 보도 지침을 따르는
것이 좋습니다. 보도 자료 준비와 출판 후 논문 관리에 대해
설명하겠습니다.

보도 자료 준비와 엠바고 요청

보도 자료를 준비하는 것은 논문을 작성하는 것과 다른 맥락에서 매우 중요한 작업입니다. 출판된 연구 성과가 정확하게 보도 자료에 반영되어 과장되거나 비약되지 않도록 경계해야 합니다. 대중에게 어려운 용어나 개념은 쉽게 풀어서 작성하되 단어의 본래 의미를 보충 자료로 제공하는 것이 좋습니다. 일반적으로, 보도 자료 초안은 저자가 준비합니다. 소속 기관과 연구비 지원 기관의 홍보팀은 보도 자료 초안의 내용을 검토하고 보완합니다. 언론사에서 인터뷰 요청이 오면 보도 자료에 근거하여 최대한 정확하고 정중하게 설명합니다.

논문 출판 보도의 적절한 시점은 인쇄본 출판 날짜 또는 온라인 출판 날짜를 기준으로 합니다(대개 온라인 출판이 공식적인 인쇄본 출판보다 서너 달 앞섭니다). 주의할 점은 출판이 완료되기 전까지 보도를 하면 안 되는 '엠바고Embargo' 규칙입니다. 출판 예정 논문에 대해 보도 자료를 준비하고 관련 기사를 배포할 때 논문 출판 시점까지 보도를 보류해 달라고 미리 요청해야 합니다. 엠바고는 출판사와 언론사의 신뢰에 기반한 암묵적 약속입니다. 보도 경쟁이 심한 우수 논문의 경우라도 엠바고 규칙은 준수하는 것이 불문율입니다.

논문 철회, 게재 취소, 정정

논문이 출판된 후에, 연구의 재현성이 확인되지 않으면 논문을 철회Withdrawal하기도 합니다. 저명한 학자가 자신의 연구가 재현되지 않아 정직하게 학계에 이 사실을 알리고 논문을 철회하는 것은 명예로운 일로 간주되며, 학문의 질서를 유지하기 위해 권장되기도 합니다. 하지만 과도한 연구 실적 압박과 경쟁 때문에 미완의 연구를 논문으로 성급하게 출판한 후, 뒤늦게 편집장이 심각한(때로 의도적인 표절이나 조작이 개입된) 문제를 확인하고 논문을 철회하거나 게재 취소Retraction하면 이는 당연히 불명예스러운 일입니다. 심각한 오류가 아닌 경우에는 편집장이 정정Erratum 또는 Corrigendum 사실을 밝히기도 합니다. 그래서 논문의 출판은 신중하게 결정되어야 합니다.

논문 쓰기와 학자의 길

지금까지 논문 작성에 필요한 기초를 말씀드렸습니다. 책을 마무리하기 전에 논문 작성 프로그램에 대한 경험을 나누고 싶습니다.

저는 박사 과정을 마무리하면서 학위 논문을 TeX 프로그램으로 작성했습니다. 박사를 마칠 무렵 포닥 연구원으로 가고 싶던 연구실의 교수님을 외국 학회에서 뵙고 인터뷰 기회를 잡았습니다. 제가 한 연구를 짧은 시간에 소개해야 할 것 같아서 인터뷰 전에 급하게 박사 학위 논문 초고를 인쇄해서 가져갔습니다. 학회장 바로 앞 문구점에 인쇄를 맡겼는데, TeX 프로그램으로 작성된 초고라 간단한 조작으로 긴 본문을 양면 인쇄가 가능하도록 깔끔하게 편집하여 인쇄 분량을 손쉽게 줄일 수 있었습니다. 덕분에 칼라 양면 인쇄 비용도 많이 들지 않았지요. 인터뷰 결과는 합격! 박사 학위를 마치고 원했던 연구실의 포닥 연구원으로 갈 수 있었습니다.

지금도 학생들과 논문을 쓸 때는 초고를 TeX 프로그램으로 작성합니다. TeX 프로그램은 편집이 쉽고, 수식과 문헌 정리가 편리한 것을 비롯해서 여러 장점이 있습니다. 처음엔 조금 낯설고 불편해도 TeX 프로그램으로 논문 작성 방법을 익혀 두면 차후 관리가 편합니다. 물론, TeX 프로그램 말고도 유용한 작성 프로그램이 많이 있어요. 자신에게 맞는 적절한 프로그램을 익혀서 논문 작성에 활용해 보세요.

논문은 연구의 시작이며 끝입니다. 논문은 하나의 연구를 완결하는 문서입니다. 형식을 갖춘 글인 만큼 제대로 쓰기 위해서는 그 구조와 작성 방법을 체계적으로 배우고 훈련해야 합니다. 학문의 현장에 있으면서 오랫동안 '논문 작성법' 교재가 필요하다는 생각에 온라인 공개 강의를 진행하면서 강의 노트를 만들었고, 이를 정리하여 책으로 엮었습니다. 이 책은 과학 논문 쓰기와 출판의 핵심 내용을 요약하여 기술한 것입니다. 학자로 성장하고 싶다면 되도록 빨리 논문을 직접 써 보고 학문의 깊이를 경험해 보는 것이 좋습니다. 이 책이 생애 첫 논문을 쓰고 출판하는 데에 실질적인 도움이 되었길 바랍니다.

이제 논문을 하나 출판했다면, 다음 논문에 도전해 보세요! '자전거 타는 법'을 배웠으니 학문의 세계를 마음껏 탐험해 보세요!

부록

과학 논문은 어떻게 읽어야 할까?

매주 출판되는 수많은 논문을 읽고 최신 연구를 파악하는 일은 연구자에게 매우 중요하지만 쉽지 않은 작업입니다. 과학 논문은 연구 내용이 압축되어 있으며 용어와 내용이 전문적이라 관련 분야 연구자라도 완전히 이해하기가 어렵습니다.

대부분의 논문은 재빨리 읽고 핵심 내용을 파악할 필요가 있습니다. 논문을 빠르게 읽을 때는 제목과 초록 그리고 본문의 그림만 훑어보면 됩니다. 좀 더 이해가 필요한 논문은 본문까지 읽어야 합니다. 저널 클럽을 활용하면 동료들과 함께 읽고 비판하면서 내용을 깊이 파악할 수 있습니다. 더 깊은 이해가 필요한 논문은 시간을 들여 자세히 여러 번 읽어야 합니다. 효율성을 잃지 않으면서 과학 논문의 내용을 빠르게 파악하는 방법 몇 가지를 추천드립니다. 사실, 논문을 많이 써 보면 어떻게 논문을 읽어야 하는지도 잘 알 수 있습니다. 논문을 쓸 때 중요하게 강조하여 작성하는 부분에 중점을 두어 읽으면 됩니다.

❶ 제목 읽기

논문은 제목, 초록, 본문(서론, 본론, 결론), 참고 문헌, 사사, 보충 자료 등으로 이루어져 있습니다. 이 중 가장 중요한 부분은 제목과 초록입니다. 논문은 하나의 결론을 논리적이고 상세하게 설명하는 글이고, 그 결론이 제목에 압축되어 표현되어 있기 때문입니다. 저자들이 가장 고심해서 작성하는 부분도 제목입니다. 그러니, 제목으로부터 많은 정보를 얻을 수 있습니다. 특히, 제목의 첫 단어가 중요합니다. 논문에서 가장 강조하고 싶은 단어가 제목의 첫 단어라고 보면 됩니다. 가장 먼저 제목을 정확하게 이해하려 노력해야 합니다.

❷ 초록 읽기

다음으로 중요한 부분은 초록입니다. 초록은 대개 한 문단으로 구성돼 있으며 각 문장은 저마다의 기능이 있습니다. 첫 문장은 연구 분야를 규정하고 연구 배경을 설명합니다. 둘째 문장은 연구 이슈와 현재 돌파구가 필요한 중요 문제를 언급합니다. 다음 문장은 연구의 주제와 결론이고, 핵심 결과 및 연구의 의미와 전망으로 마무리됩니다. 초록은 이렇게 논문 전체 내용을 한 문단 안에 요약한 글입니다. 그래서, 논문의 제목과 초록만 정확하게 이해해도 논문의 주요 내용을 파악하는 데 무리가 없습니다. 같은 이유로 대부분의 학술지가 논문 제목과 초록을 인터넷에 공개합니다.

❸ **서론과 본론 읽기**

제목과 초록에서 논문의 주요 내용을 파악한 후, 좀 더 상세하게 본문을 읽어 보고 싶다면 학술지를 구독하여 읽으면 됩니다. 본문은 구독이 자유로운 학술지냐 구독권을 사야 하는 학술지냐에 따라 접근성이 다를 수 있지만, 내 연구와 관련된 주제의 논문은 본문까지 좀 더 상세히 읽을 필요가 있습니다. 연구 방법이나 주요 결과를 내 연구와 비교해 볼 수 있으므로 아주 중요하지요.

본문은 서론, 본론, 결론의 순서로 정리되어 있습니다. 서론은 초록의 확장에 해당하며 연구의 학문적 계보와 선행 연구 흐름을 정확하게 파악할 수 있습니다. 본론에는 주요 실험 결과와 메커니즘을 입증하는 그림이 체계적으로 정리되어 있어서 재빨리 그림만 살펴도 연구 내용을 충분히 이해할 수 있습니다. 그림에는 방대한 데이터가 압축되어 있으므로 신속하고 정확하게 그림을 읽고 해석할 수 있도록 훈련해야 합니다.

❹ 결론 읽기

결론에는 연구에서 얻은 가장 중요한 핵심 성과가 정리되어 있습니다. 논문의 제목과 초록의 후반, 서론의 후반이 결론과 일치합니다. 결론 부분에는 후속 연구자들을 위해 연구 의미와 향후 전망이 추가됩니다. 논문의 서론과 본론이 잘 이해되지 않아도 결론 부분을 잘 읽어 보면 논문의 핵심 성과와 의미나 전망을 알 수 있습니다.

논리적으로 말하는 방법

뭔가를 설명하고 논의할 때는 논리적으로 말해야 합니다.
연구자로서 토론을 하거나 강연을 할 때도 마찬가지입니다.
어떻게 하면 매끄럽게 논리적으로 말할 수 있을까요? 논리적인
말하기는 논문을 쓰는 순서와 맥락이 같습니다. 논문이 논리적인
글이기 때문입니다. 그래서 논리적으로 말하는 연습을 하면
논문 쓰기에 큰 도움이 됩니다. 논문을 많이 써 보면 논리적으로
말하는 능력도 향상되지요.

❶ 주제 정의

논문의 제목을 생각해 보세요. 뭔가를 설명하거나 논의하
려면 주제를 먼저 명확하게 밝혀야 합니다. 간혹 디테일에
바로 들어가는 경우가 있는데 그러면 주제가 무엇인지 알
수 없어 이야기에 집중할 수 없어요.

❷ 핵심 요약

무슨 얘기든 핵심을 먼저 간략하게 요약하는 것이 좋습니
다. 논문의 초록에 해당하는 부분이지요. 간략하게 어떤 이

야기를 할 것인지 운을 띄웁니다.

❸ 배경 설명

이야기를 본격적으로 전개하기에 앞서 배경지식을 제공할 필요가 있습니다. 가령, 어떤 실험 방법을 설명하고 있다고 칩시다. 그러면 짧게라도 그 방법의 원리와 주요 특징을 설명해야 듣는 사람이 무엇을 집중해서 들어야 할지 알 수 있겠지요. 청중을 천재라 가정하지 마세요.

❹ 본론 설명

이제 본격적으로 본론에 들어갑니다. 말하고 싶은 내용을 주제 및 배경과 연관 지어 순차적으로 전합니다. 이때 서사적으로 이야기를 전개할 것인지 논리적으로 전개할 것인지 정해야 합니다. 저는 청중이 알고 싶은 것이 무엇이냐에 따라 방식을 결정할 것을 추천합니다. 통상 잘 정리된 이야기면 논리적 구성이 좋습니다. 본론의 이야기는 이해될 때까지 반복하고, 청중의 질문에 적절한 답변을 준비하여 이해를 유도합니다.

❺ 결론 정리

어떤 이야기든 마무리가 중요합니다. 이야기의 핵심 결론을 한 번 더 요약 강조하고 다음에 어떤 이야기가 추가될 수 있을지 전망과 예측을 곁들이면 좋습니다. 논문의 결론에 해당합니다.

고등학생을 위한 논문 작성법

우리나라 고등학생은 학교에서 연구팀을 구성하여 선생님이나 교수님의 지도를 받아 일정 기간 연구를 수행하고 결과를 발표하는 '학생 주도적 연구' 활동에 참여할 수 있습니다. 이것이 미래를 선도할 창의인재 양성을 위한 'R&E(Research & Education)' 활동입니다. 한국연구재단은 2021년 4월 '바람직한 R&E 활동을 위한 권고사항'을 제정하여 R&E 활동이 위축되지 않고 올바로 수행되도록 전국의 고등학교에 안내했습니다. 이러한 기반에서, 고등학생은 어떤 주제로 어떤 방법으로 연구를 수행하여 논문을 작성할 수 있을까 고민하다가 몇 가지 가능한 방안을 정리해 봤습니다.

❶ 고등학생에게 논문이 필요한 이유

논문은 박사 학위를 가진 연구자가 주로 발표하며 대부분 대학원생 때 생애 첫 논문을 씁니다. 하지만, 교과서에 수록된 과학 내용 안에서도 얼마든지 실생활과 연결된 연구 주제를 발견할 수 있고, 적절한 재료와 방법을 활용해 유의한 연구 성과를 얻을 수 있습니다. 자발성에 기초한 연구와 논문 작성 경험은 앞으로 학생이 연구자로서, 과학자로서, 공학자로서 성장하는 데 중요한 동기부여가 될 것입니다.

❷ 연구팀 구성

고등학생이 개별 연구를 수행하기란 매우 어렵습니다. 따라서 적절한 연구팀을 구성해 연구를 수행하는 것이 좋습니다. 대부분의 R&E 활동에서는 5명 내외로 연구팀을 구성합니다. 지도 선생님, 교수님이나 박사급 연구원이 멘토로 참여하는 연구팀을 구성할 수도 있습니다. 연구팀이 구성되면 역할 분담을 하여 연구를 수행하면 됩니다. 연구 지도를 받을 수 있는 지도 선생님과 연구 성과를 정리해 논문을 작성하는 데 도움 주실 교수님 또는 전문가가 있으면 좋을 것 같아요.

❸ 연구비 조성

학생들이 연구를 수행할 때 가능하면 비용이 많이 발생하지 않는 연구를 기획하여 수행하는 것이 좋지만, 연구 수행을 위해 얼마간의 연구비가 필요할 수 있습니다. 몇몇 고등학교는 R&E 활동을 위한 소정의 연구비 예산을 책정하고 있습니다. R&E를 위한 자율동아리를 만들어 동아리 지원

예산을 활용하는 방법도 있습니다. 부족한 예산은 별도의
학교 예산이나 지자체 예산을 확보하는 방안을 찾으면 좋
겠습니다. 교육부와 한국과학창의재단에서 매년 우수 '융
합인재교육 R&E 과제'를 모집하여 소정의 연구비를 지원
하고 있습니다.

❹ 연구 기간

교육 과정 특성상 학년별로 반이 바뀌기 때문에 연구팀 구
성에 제약이 있습니다. 따라서, 연구 기간은 최대 1년 이내
로 마무리할 수 있어야 합니다. 연구 활동을 비교과 과정으
로 구성한다면 하나의 주제를 집중해서 수행할 수 있는 한
학기 이내로 기간을 설정하는 것이 좋겠지요. 연구 설계가
잘됐다면 두 달(8주) 정도 집중적인 연구 활동으로 유의한
성과를 얻을 수 있습니다.

❺ 주제 선정

고등학생에게 맞는 연구 주제를 찾는 것이 가장 중요합니
다. 적절한 주제 선정을 위해서 지도 선생님과 교수님의 역
할이 매우 중요한데요, 특히 일상생활에서 발견할 수 있는
주제가 좋습니다. 가령, '라면을 끓이기 위한 최적 가열 조

건' 같은 주제를 생각해 볼 수 있습니다. 집에서 라면을 끓이면서 처음에 찬물에 면을 넣고 끓인 경우와 물이 완전히 끓을 때 면을 넣는 경우를 놓고 익힌 면발이 끊어지는 길이를 측정해 면의 탄성을 비교할 수 있습니다. 사실, 생활 속 과학의 주제는 매우 다양하고 풍부합니다. 고등학생 때 '걸을 때 머그잔에서 커피가 쏟아지는 이유'를 연구한 한지원 씨는 자신이 쓴 논문으로 2017년에 '이그노벨상'을 받았습니다.

❻ 문헌 조사

연구가 의미 있고 새로운 것이 되려면 선행 연구 조사가 충실하게 이루어져야 합니다. 영어로 작성된 논문을 읽고 이해하기가 어렵다면, 우리말로 작성된 논문도 괜찮습니다. 우리말로 작성된 논문은 대부분 RISS, KISS, DBpia 등의 국내 학술 논문 검색 사이트에서 찾을 수 있습니다. 문헌 자료를 조사하고 다른 사람의 연구 결과를 찾아보는 작업은 매우 중요합니다. 정확하게 관련 주제의 문헌을 찾고 정리하며(논문 탐색), 문헌을 읽고 이해하고(논문 탐독), 적절하게 논문에 인용할 수 있도록(논문 인용) 훈련해야 합니다. 학생들이 운영하는 저널 클럽이 유용할 수 있습니다.

❼ 결과 분석

연구 결과는 그래프나 표로 알기 쉽고 보기 쉽게 정리해야 합니다. 통계적인 분석 방법을 활용해 데이터를 정리할 필요도 있습니다. 전문적인 통계 프로그램이 없어도 가능합니다. 예를 들면, 마이크로소프트 엑셀 프로그램으로도 실험 데이터의 평균, 표준 편차, 분산 분석 등의 통계 분석을 간편하게 수행할 수 있습니다. 실험 변수와 결과 값의 상관관계를 그래프로 보기 좋게 표현할 수도 있습니다. 이렇게 하면, 실험 조건이 결과에 유의하게 영향을 주었는지 여부를 분석할 수 있어요. 선행 연구 사례를 참고하여 어떻게 연구 결과를 정리하는지 배워야 합니다. 모든 연구 결과는 그림과 표로 순차적이며 종합적으로 정리합니다.

❽ 원리 규명

연구 결과의 원인과 메커니즘을 찾아야 합니다. 원리를 찾아 결과 해석에 활용하거나 필요하면 새로운 원리를 제안할 수 있습니다. 현실적으로 고등학생이 새로운 원리를 발견하기는 거의 불가능하지요. 교과서에 나온 원리가 연구 결과에 어떻게 관련되는지 실험을 통해 직접 확인하는 정도면 충분합니다. 사실, 대부분의 원리는 이미 모두 규명되

어 있습니다. 관련 주제를 가장 잘 이해하는 지도 교수님
이나 전문가를 찾아가 원리에 대한 자문을 얻는 것도 좋은
방법입니다. 연구 결과로부터 원리를 규명하는 작업은 평
생 소중한 자산이 될 것입니다.

❾ 논문 작성

연구를 성공적으로 수행했다면 그 결과를 정리하여 하나의
결론에 도달할 수 있습니다. 그 결론을 제목으로 정하고,
연구 배경과 이슈, 연구의 아이디어와 결론, 주요 결과와
앞으로의 전망을 정리해 초록을 작성하고, 이를 자세히 풀
어서 서론·본론·결론으로 본문을 구성하여 논문을 써 봅니
다. 각 부분의 작성법은 이 책의 설명을 참조하고, 논문 작
성 경험이 있는 선생님이나 자문을 얻을 수 있는 교수님의
도움을 받아도 좋겠습니다.

❿ 논문 출판

고등학생이 쓴 논문만을 심사하고 출판하는 학술지는 별로
없습니다. 가능하면 교육부나 한국과학창의재단 등의 여러
기관에서 고등학생에게 적절한 학술지를 활발하게 운영하
면 어떨까 합니다. 아니면, 과학 전문 출판사 등에서 고등

학생이 논문을 출판할 수 있는 학술지를 운영해 봐도 좋을 것 같아요. 어쨌든, 적절한 심사를 받아 출판하도록 장려하면 더 많은 고등학생이 논문 출판에 도전해 보고 유익한 경험을 쌓을 수 있을 것입니다. 간혹 해외 저명 학술지에 고등학생이 쓴 논문이 실리는 경우도 있습니다. 훌륭하게 연구를 수행했다면, 학술지 출판에도 도전해 보세요!

박사 과정을 시작할 때 알았으면 하는 20가지

박사 학위 과정은 누구에게나 도전과 시련의 시간입니다. 자신의 한계를 시험하며 더 나은 자신이 되기 위한 성장의 시간입니다. 이 과정은 누구에게나 낯선 여정이며 결코 지름길이 있을 수 없습니다. 박사 과정을 시작할 때 다음의 몇 가지를 기억하면 좋을 것 같아요.

❶ 무엇보다 자신을 돌보세요

박사 과정은 오랫동안 자신만의 학문을 단련하며 성장하는 시간입니다. 그 긴 여정을 끝마치고 안전하게 목적지에 다다르기 위해서는 무엇보다 자신을 돌봐야 합니다. 자신의 건강과 안전은 무엇보다 소중합니다.

❷ 무엇이든 지도 교수와 상의하세요

박사 과정의 모든 것은 지도 교수와 상의하면서 진행하는 것이 좋습니다. 처음부터 끝까지 지도 교수의 도움을 받지 않을 사안이 없어요. 훌륭한 지도 교수를 만나는 것이 매우 중요하며 지도 교수와 진솔하고 편안하게 소통하는 방법을 터득해야 합니다. 지도 교수의 도움을 받는 것은 학생의 권리입니다. 애써 고독과 싸우지 마세요.

❸ 박사 주제를 되도록 빨리 잡으세요

박사 과정의 좋은 출발은 일찍 좋은 주제를 잡는 것입니다. 가장 중요한 것은 지도 교수와 일찍 상의하는 것입니다. 초반에 박사 주제의 방향을 잘 잡으면 길이 스스로 열립니다. 좋은 주제를 찾으려면 선행 문헌 조사가 거의 완벽해야 하고 학문의 흐름을 완전히 파악해야 합니다. 지도 교수의 경험과 안목이 중요한 가이드가 될 것입니다. 좋은 주제는 좋은 결말로 안내합니다.

❹ 박사 주제를 위한 포트폴리오를 구축하세요

주제를 정했다고 모든 일이 순조롭지는 않습니다. 계획에는 늘 성공과 실패의 가능성이 있어요. 박사 포트폴리오를 만들어 실패에 대비하세요. 가끔은 실패가 더 나은 성공을 낳기도 하기에 실패를 두려워할 필요는 없습니다. 모든 상황에 대비해 언제나 플랜 B가 있는 것이 좋습니다.

❺ 무엇을 하든 박사 주제와 연관 지으세요

박사 과정 중에는 박사 연구와 동떨어진 일도 많습니다. 하지만 가능하면 자신의 박사 주제와 연관 짓는 노력이 필요합니다. 예상하지 못한 경로로 종착점에 도달하기도 하기에 모든 경로에 최선을 다하는 것이 좋습니다. 주제로부터 너무 멀리 벗어나지 않으려면 무엇이든 기록하고 고찰해야 합니다. 연구 노트를 성실하게 적으면서 아이디어의 흐름을 잘 이어 보세요.

❻ 연구실 자원을 최대한 활용하세요

연구실의 모든 자원을 활용해 자신의 연구를 완성하세요. 활용하지 못할 자원은 없습니다. 지도 교수나 동료, 실험 재료나 장비, 연구 파견의 기회나 출장 지원 등 모든 자원을 최대한 활용하세요. 지도 교수를 포함해 연구실 자원을 최대한 활용하는 것은 학생의 권리입니다. 혼자서 문제를 해결하려고 하지 마세요.

❼ 주변의 자원과 네트워크를 최대한 활용하세요

연구실의 자원은 한정되어 있습니다. 박사 연구를 완성하는 데 도움이 된다면 주저 말고 주변의 모든 자원과 네트워

크를 최대한 활용하세요. 주변의 도움을 이끌어 내는 것도 박사 과정에서의 중요한 도전입니다.

⑧ 학회 발표 기회를 많이 가지세요

학회 발표는 자신의 연구를 알릴 기회일 뿐만 아니라 동료 연구자와 연구 협력자를 만날 기회입니다. 가능하면 학회 발표 기회를 많이 가지세요. 부끄럽고 부담스럽지만 학생일 때 발표는 뭘 해도 용서가 됩니다. 발표를 잘할수록 좋지만 노력하는 모습만으로도 충분합니다.

⑨ 학술지 논문 작성에 최대한 빨리 도전하세요

최대한 빨리 학술지 논문에 도전하세요. 저명한 학술지에 논문을 발표하는 것은 학자로서 성장의 증거입니다. 가능하면 빨리 첫 연구 성과를 완성해 그 분야 저명 학술지 논문으로 발표할 수 있도록 노력해야 합니다. 논문을 쓰면서 논문 작성법을 되도록 빨리 터득하는 것이 좋습니다.

⑩ 최고 수준의 학술지에 도전하세요

가능하면 우수한 학술지 논문에 도전하세요. 좋은 논문은 더 나은 미래를 여는 보증 수표입니다. 우수한 논문을 쓰기

위해 시간과 노력을 집중해야 합니다. 박사 학위 마지막 과
정에는 그 분야 최고 수준의 학술지를 목표로 하세요. 최고
학술지 논문에 실패해도 손해 볼 것은 별로 없습니다.

⑪ 논문 심사자와 편집자로 봉사할 기회를 잡으세요

논문을 잘 쓰려면 심사자나 편집자로서의 안목이 필요합니
다. 논문 심사자와 편집자로 봉사할 기회가 있다면 거절하
지 말고 도전해 보세요. 어려운 도전일수록 배우는 것이 많
습니다.

⑫ 공동 연구를 하면서 연구 협력자를 만드세요

공동 연구의 기회가 왔을 때 주저하지 말고 연구에 참여해
보세요. 일이 많아 힘들 수는 있지만 나중에 중요한 연구
협력자를 발견할 수 있습니다. 좋은 기회는 많을수록 좋습
니다.

⑬ 논문 외의 활동에도 적극적으로 참여하세요

논문 외에 또는 연구 외의 활동에도 관심을 기울이세요. 연
구가 반드시 연구실에서만 이루어지는 것은 아닙니다. 연
구실 밖에서도 훌륭한 연구 활동이 가능합니다. 가끔은 온

전히 쉬는 것이 연구에 더 큰 도움이 되기도 합니다.

⑭ 다른 분야의 학문에도 관심을 기울이세요

학문의 비약적인 발전이 다른 분야와의 경계에서 일어나기도 합니다. 다른 인접 학문에 대한 관심은 더 넓은 기회를 열어 줄 것입니다. 다른 분야의 연사가 발표하는 세미나와 초청 발표를 들어 보세요.

⑮ 미래 독립 연구자 모델을 찾으세요

언젠가 독립 연구자를 꿈꾸는 예비 학자라면 좋은 연구자의 모델을 찾아야 합니다. 5년, 10년, 20년 후의 독립 연구자로서 닮고 싶은 훌륭한 모델이 있다면 오늘의 고난을 헤쳐 나갈 동력이 될 것입니다.

⑯ 연구 제안서 작성 기회를 놓치지 마세요

연구는 제안서로 시작해 논문으로 완성됩니다. 연구 제안서 작성 기회가 있다면 주저하지 말고 참여하세요. 실전보다 더 좋은 가르침은 없습니다. 독립 연구자가 되었을 때 연구비를 얻기 위해 제안서를 써야 한다면 유익한 경험이 될 것입니다.

⑰　자신의 연구를 소개할 자리를 자주 만드세요

저널 클럽이나 연구실 미팅 외에도 자신의 연구를 소개할
기회를 자주 만드세요. 학교나 연구실 외에 소셜 미디어 등
에서 자신을 알릴 기회를 자주 만드는 것이 좋습니다. 독자
나 청중 가운데 나의 미래를 결정할 중요한 사람이 있을 수
있습니다.

⑱　다른 학교나 연구소 방문 기회를 만드세요

다른 학교나 연구소 방문은 자신의 영역을 확장하는 좋은
기회입니다. 아무리 좋은 연구실이라도 더 나은 연구실이
있기 마련입니다. 좋은 멘토를 만나거나 훌륭한 연구 협력
자를 얻기 위해서는 활동 영역을 넓혀야 합니다.

⑲　오늘의 친절은 내일의 친절을 만듭니다

누구를 만나든 가능하면 친절하게 대하세요. 연구실 멤버
나 다른 기관의 멤버에게 베푼 친절은 내일의 친절로 돌아
올 것입니다. 그들은 자신이 받은 친절을 모두 기억합니다.
언젠가 선한 친절로 돌아올 것입니다.

⑳ 모든 일에 자신을 믿으세요

무슨 일을 하든지 자신을 믿으세요. 다른 사람과 비교할 필요 없습니다. 여기까지 온 것만으로도 이미 잘한 것입니다. 지금까지 해 온 것처럼 앞으로도 잘할 것입니다. 그러니 자신을 믿고 이 순간을 즐기세요.

늦은 나이에 공부를 다시 시작한다면?

최근 들어 늦은 나이에 공부를 다시 시작하는 분들이 많습니다.
저도 그랬지만, 공부를 쉬었다가 다시 하려면 아무래도 많은
어려움이 있을 것입니다. 마음 깊이 응원하면서, 그런 분들을 위해
몇 가지 제안 드립니다.

❶ 자신의 경력과 경험을 살릴 수 있는 분야를 선택하세요

다시 학교로 돌아가 박사 과정을 시작한다면, 지금까지 자
신의 커리어 패스를 살펴보고 자신의 경력과 경험을 최대
한 장점으로 살릴 수 있는 박사 학위 전략을 세워 보세요!
최근의 대학원 프로그램은 매우 복잡하고 다양합니다. 자
신만의 독특한 커리어가 분명 장점이 되는 최신 분야가 있
을 것입니다.

❷ 좋은 지도 교수와 멘토를 찾으세요

성공적으로 학위 과정을 마치려면 무엇보다 좋은 지도 교
수가 중요합니다. 특히 자신의 예전 전공과 다른 전공을 택
한 경우, 기간 내에 학위를 마무리하고 새로운 기회를 만들

고 싶다면 가장 적절한 도움을 줄 수 있는 좋은 지도 교수와 멘토를 찾아야 합니다. 우선 인터넷 자료를 통해 교수의 최근 연구 방향을 확인하고, 가능하면 직접 면담을 통해 실력과 인품을 확인해야 합니다. 지도받고 싶은 분이 있다면 적극적으로 기회를 잡으세요.

❸ 공부의 목적과 지향점을 명확히 하세요

단순히 공부가 재미있고 흥미로워서라는 이유를 넘어, 늦은 나이에 시작하는 만큼 공부의 목적이 좀 더 선명해야 할 것 같아요. 여기에 조금 막연하더라도 자신이 바라는 공부의 결과, 즉 '지향점'이 무엇인지 명확하게 하는 것이 좋습니다. 긴 여행의 목적지가 어디인지 정하는 것은 분명 도움이 됩니다.

❹ '적절한' 주제와 목표를 잡으세요

적절한 주제로 적절한 분량의 연구를 적절한 속도로 진행하고, 적절한 학술지 논문을 발표하며 적절한 성과를 쌓아야 합니다. '적절하다'는 표현은 박사 과정에 적합한 정도를 의미합니다. 세상을 바꾸는 연구를 하는 것이 아니라 학위 과정에 적합한 정도면 됩니다.

❺ 연구 협력자를 만드세요

지도 교수와 협의하여 향후 공동 연구자가 될 수 있는 연구
협력자를 찾으세요. 다른 분야나 다른 기관에 계신 분도 좋
습니다. 연구 협력이 잘되어 그분이 향후 박사 학위 논문
심사 위원이 되면 좋습니다. 공동 연구가 훌륭하면 미래에
좋은 추천서를 받을 수도 있습니다.

❻ 젊은 동료들과 소통하세요

새로운 지식과 기술을 따라잡으려면 젊은 동료들에게 적극
적으로 도움을 요청하는 것이 좋습니다. 학위 과정 동안 새
로운 지식과 기술을 익히고 활용하도록 훈련해야 합니다.
도움받는 것을 주저하지 마세요. 언젠가는 젊은 동료들에
게 유용한 도움을 줄 수 있을 것입니다.

❼ 불필요한 곳에 에너지를 낭비하지 마세요

누구나 불리한 요소가 있습니다. 불리한 요소는 서랍 속에
넣어 두고 유리한 요소에만 에너지를 집중하세요. 소모적
이고 불필요한 감정에는 에너지를 아끼세요. 할 수 있는 일
에만 에너지를 집중해야 합니다.

⑧ 가족과 지인의 응원을 받으세요

가능하면 이루고 싶은 꿈을 가까운 분들과 소통하고 동의를 이끌어 내세요. 가족과 지인 중에 격려하고 응원하는 사람이 많을수록 어려운 과정을 더 잘 극복할 수 있습니다. 늦은 나이에 공부를 시작했다면 이미 의지와 열정이 확고한 것입니다. 스스로에게도 칭찬과 격려를 아끼지 마세요.

⑨ 적절히 휴식을 취하세요

지금은 젊을 때 무쇠와 같은 강인한 사람이 아닙니다. 대신, 일을 좀 더 유동적이며 효율적으로 할 수 있습니다. 그러니 너무 무리하지 마세요. 가끔씩 휴식을 취해야 마지막까지 갈 수 있습니다.

⑩ 확신을 가지세요

오늘 성공하지 못해도 꼭 성공할 수 있다는 믿음을 가지세요. 이미 다시 공부를 시작한 것 자체가 절반 이상의 성공입니다.

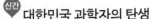

대한민국 과학자의 탄생

한국 과학기술 인물 열전: 자연과학 편

김근배·이은경·선유정 편저

"한국 현대사는 산업화, 민주화와 함께
치열한 과학화의 과정이었다."
우리 역사의 잃어버린 고리, 근현대 한국 과학자 이야기!

"편저자들의 면밀하고 철저한 연구에 기반하여 학문적으로도 더없이 탄탄하다."
_ 장하석(케임브리지대학교 과학사·과학철학과 석좌교수)

"이 책은 한국 근대 과학기술의 기원을 찾는 출발점이자, 현대 한국의 압축적
성장을 규명하는 퍼즐을 완성할 수 있는 길을 제시해 줄 것이다."
_ 박태균(서울대학교 국제대학원 교수)

- 국민일보, 한국일보, 조선일보,
  문화일보, 부산일보, 한겨레,
  동아일보, 교수신문 등 언론 추천
- 교보문고 MD의 선택
- 알라딘 MD's Choice
- 예스24의 선택

그렇게 물리학자가 되었다

김영기·김현철·오정근·정명화·최무영 지음

"뭔가 해야 한다면, 그게 뭘까?"
각자의 인생 궤도 속에서 과학자의 길을 발견하고, 물리학이라는
향연을 즐긴 K과학자 다섯 명의 5인 5색 나의 길 찾기!

「이보다 더 나은 선택은 없다」★ 정명화 서강대 교수

「책과 함께한 물리학자의 꿈」★ 오정근 국가수리과학연구소 선임연구원

「시인과 물리학자」★ 김현철 인하대 교수

「나를 만든 레고 블록들」★ 김영기 시카고대 석좌교수

「그렇게 물리학자가 되었다」★ 최무영 서울대 교수

- 마산도서관
  '진로와 디딤' 추천 도서

에미 뇌터 그녀의 좌표

에두아르도 사엔스 데 카베손 지음 | 김유경 옮김 | 김찬주·박부성 감수

현대 추상 대수학의 개척자이자 이론물리학의 선구자!
에미 뇌터 탄생 140주년, 국내 첫 전기 출간!
"뇌터 여사는 역사상 가장 위대하고 창의적인 여성 수학자였다."
_아인슈타인

"에미 뇌터를 중심으로 여러 여성 수학자의 삶과 업적을 돌아보는 일은, 단순히
수학사에서 여성의 역할을 복원하는 것 이상의 의미가 있습니다."
_ 김찬주(이화여자대학교 물리학과 교수)

- 과학책방 '갈다' 주목 신간
- 예스24 과학MD 추천도서
- 한겨레신문 '정인경의 과학
  읽기' 추천도서

나의 시간은 너의 시간과 같지 않다
_김찬주 교수의 고독한 물리학: 특수 상대성 이론   김찬주 지음

특수 상대성 이론, 물리학자처럼 이해하기!
특수상대론을 정말로 이해하고 나면 다시는 무지몽매했던
과거로 돌아갈 수 없다!

· 윤고은의 EBS 북카페 추천
· SBS뉴스 이번 주 읽어볼 만한 신간
· 출판문화원 K-BOOK Trends 선정
· 과학책방 '갈다' 주목 신간

★ K-MOOC 강의 학습자 만족도 1위, 대교협 등이 선정한
    '대학 100대 좋은 강의'에 빛나는 김찬주 교수 집필
★ 한국출판진흥원 출판콘텐츠 창작 지원사업 선정작

단위를 알면 과학이 보인다
_과학의 핵심 단위와 일곱 가지 정의 상수   곽영직 지음

새로운 국제단위계를 반영한 최신 단위 사전

"기본상수와 주요 단위의 정의와 쓰임을 명쾌하게 설명할 뿐만 아니라, 단위로
표현되는 물리량의 개념과 과학 법칙, 과학의 역사와 과학자 이야기를 단단하게
엮었다."_ 최무영(서울대학교 물리천문학부 명예교수)

· 학교도서관저널 '이달의 새책'
· 과학책방 '갈다' 주목 신간

이제라도! 전기 문명
                                                          곽영직 지음

전통 농경사회에서 태어나 AI 시대를 사는
얼리어답터 물리학자의 세대 공감 전기 문명 강의

"전자기학의 기본 이론에서부터 전자공학의 최신 기술에 이르기까지 과학과 기
술의 많은 내용을 다루면서도 흡사 소설처럼 술술 익히고 흥미롭게 전개되어 전
공 분야 교수인 필자조차 읽는 내내 '아!' 하면서 머릿속의 상식이 하나씩 늘어 가
는 즐거움을 느낄 수 있었다."_ 정종대(한국기술교육대학교 전기전자통신공학부 교수)

· 책씨앗 청소년 추천도서
· 과학책방 '갈다' 주목 신간

태양계가 200쪽의 책이라면
                                                          김항배 지음

손과 마음으로 느끼는 텅 빈 우주, 한 톨의 지구!

"거대한 태양계를 한 권의 책에 오롯이 담았다. 이것은 비유가 아니다.
책을 읽는 동안, 페이지가 된 공간을 지나 삽화가 된 행성을 둘러보며
색다른 우주여행을 즐기게 된다. 기발한 기획과 탄탄한 내용의
멋진 책이다."_ 김상욱(경희대학교 물리학과 교수)

· 제61회 한국출판문화상 편집 부문 본심
· 행복한 아침독서 '이달의 책'
· 경기중앙도서관 추천도서
· 책씨앗 '좋은책 고르기' 주목 도서